高 等 学 校 教 材

电子工艺实训基础

孙　蓓　张志义　主编

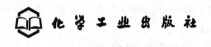

化学工业出版社

·北京·

电子技术的飞速发展不仅要求技术人员有一定的理论技术基础，还要掌握一定的电子实际操作技术以适应社会发展的需要。电子工艺实训基础就是一门实践性很强的实训课程，通过课程学习和训练使学生掌握电子元件的检测、电子原理图分析、PCB 板的设计和制作工艺、手工焊接和 SMT 表面贴装工艺以及各种仪器和工具的使用方法。

本书以简要的原理为基础，以典型电子产品为实例，着重介绍了电子产品的制作调试工艺。主要内容包括：安全用电知识，常用电子元器件性能和原理，手工焊接和自动焊接工艺及表面贴装工艺，PCB 板的设计和制作工艺，组装和调试工艺，电子工艺文件介绍，电子实训产品和常用的电子仪器使用方法等。

本书可作为工科大专院校相关专业的学生和职业培训教材，也可作为从事电子工艺工程技术人员的参考书。

图书在版编目（CIP）数据

电子工艺实训基础/孙蓓，张志义主编. —北京：化学
工业出版社，2007.7（2017.6 重印）
高等学校教材
ISBN 978-7-122-00788-9

Ⅰ. 电…　Ⅱ.①孙…②张…Ⅲ. 电子技术-高等学校-
教材 Ⅳ. TN

中国版本图书馆 CIP 数据核字（2007）第 097781 号

责任编辑：程树珍　金玉连	文字编辑：宋　薇
责任校对：王素芹	装帧设计：潘　峰

出版发行：化学工业出版社（北京市东城区青年湖南街 13 号　邮政编码 100011）
印　　刷：北京云浩印刷有限责任公司
装　　订：三河市畅发装订厂
787mm×1092mm　1/16　印张 12　字数 291 千字　　2017 年 6 月北京第 1 版第 6 次印刷

购书咨询：010-64518888（传真：010-64519686）　售后服务：010-64518899
网　　址：http://www.cip.com.cn
凡购买本书，如有缺损质量问题，本社销售中心负责调换。

定　价：30.00 元

前　言

随着电子技术的发展，为培养电子技术应用型人才，除了掌握必要的理论知识，还要有针对性地设置电子产品工艺方面的课程。通过学习，使学生具备对电子产品进行设计、制作、安装、调试、技术管理的能力。本书是为工科院校学生参加电子工艺实训而编写的教程。它既是教学参考书，又是指导实践的实用资料；既是基本技能与工艺知识的入门向导，又是创新实践的启蒙。

本书有如下特点。

1. 涉及面广。介绍电子工艺主要知识：安全用电，电子元器件，焊接工艺，印制电路板的设计与制作工艺，安装工艺，调试工艺，技术文件管理。

2. 实用性强。通过对小型电子产品的装配实习，着重介绍并训练的实用技术有：常用元器件特点、参数检测方法、正确选用；手工焊接、拆焊、自动焊接技术；装配过程技术；调试与故障检修方法。同时简要介绍了开发电子产品所需的标准和设计文件。书中还介绍了印制电路板设计与制作工艺，重点训练在计算机设计原理图及 PCB 板图的方法；实践手工制作印制板的工艺。

3. 新颖性。增加了表面安装工艺、手工制作电路板实践教学环节；增加了技术文件管理、新型用仪器使用。

本书第 1、第 2、第 3 章由孙蓓编写，第 4、第 6 章由王华盛编写；第 5、第 7 章由张志义编写，第 8、第 9 章由白蕾编写，孙蓓拟定编写提纲，并负责全书定稿工作。

本书在编写过程中参阅了国内外的教材和文献，在此谨表谢意！

由于水平有限，书中若有错误和不妥之处，敬请读者批评指正。

编　者
2007 年 1 月

目　　录

第①章 安全用电

本章主要介绍安全用电的基本知识，安全电器设备以及在电子技术操作中容易产生的不安全因素和预防措施。

安全是人类生存的基本需求之一，用电安全则是现代人不可回避的安身立业的基本常识。电气事故是现代社会不可忽视的灾害之一。安全技术涉及广泛，本章安全用电的讨论只是针对一般工作生活环境而言，即使一般环境，也只是就最基本、最常见的用电安全问题进行讨论。

1.1 触电及其对人体的危害

1.1.1 触电对人体危害

触电对人体危害主要有电伤和电击两种。

（1）电伤

电伤是由于电流的热效应、机械和化学效应造成人体触电部位的外部伤痕，包括电烧伤、皮肤金属化、机械损伤、电光眼。

（2）电击

电击是由于电流通过人体内部，影响呼吸、心脏和神经系统，造成人体内部组织损伤乃至死亡的触电事故。由于人体触及带电的导体、漏电设备的外壳，以及由于雷击或电容器放电等都可能导致电击。

1.1.2 产生触电的因素

1.1.2.1 电流的大小

人体内是存在生物电流的，一定限度的电流不会对人造成损伤，电疗仪器就是利用电流刺激达到治疗目的的。通过人体的电流越大，引起的生理反应越明显，且致命的危险性越大。

通过人体的电流，交流在 15～20mA 以下，直流在 30mA 以下，一般对人体的危害较轻，超过上述数值，对人体就会造成危险。

1.1.2.2 电流种类

电流种类不同对人体损伤也不同。直流电一般引起电伤，而交流电则与电击同时发生，特别是 40～100Hz 交流电对人体最危险。日常使用的工频市电（我国为 50Hz）正是在这个危险的频段内。当交流电频率达到 20000Hz 时对人体危害很小，用于理疗的一些仪器就采用这个频段。

1.1.2.3 电流作用时间

电流通过人体的时间越长伤害越大。可以用电流与时间乘积（也称电击强度）来表示电流对人体的危害。触电保护器的一个主要指标就是额定断开时间与电流乘积 $<30\text{mA·s}$。实际产品可以达到 $<3\text{mA·s}$，故可有效防止触电事故。

1.1.3 安全电压

作为安全交流电压，在任何情况下有效值不得超过 50V，我国规定的安全电压系列有 36V、24V、12V 等。直流安全电压为 72V，我国规定的安全电压系列为 42V、36V、24V、12V、6V。安全电压是对人体皮肤干燥时而言的。因为通过人体电流的大小，主要取决于施加于人体的电压和人体本身的电阻。人体电阻包括皮肤电阻和体内电阻，其中皮肤电阻随外界条件不同有较大变化，一般干燥的皮肤电阻约在 $100\text{k}\Omega$ 以上，但随皮肤的潮湿加大，电阻会减少，减小到 $1\text{k}\Omega$ 以下。所以，倘若人体出汗，又用湿手接触 36V 的电压时，同样会受到电击，此时安全电压也不安全了。

1.2 触电原因及防护

电击的危害是由于人体同电源接触，或者是高压电场通过人体放电造成的。后者在一般电子设备中较少遇到。常发生的电击是 220V 交流电源上，其中有设备本身不安全因素，也有自己的错误操作以及缺乏安全知识等因素。

1.2.1 触电原因

1.2.1.1 直接触及电源

没有人糊涂到用手去摸 220V 的电源插座或裸露电线。但实际上由于存在各种不为人所注意的途径，还是有人触到了电源而产生电击。下面的几个例子就在不被引起注意的地方隐藏着危险。

ⅰ. 电源线破损，经常使用的电器，如电烙铁、台灯等的塑料电源线，因无意中割伤或烙铁烫伤塑料绝缘而裸露金属导线，手碰该处就会引起触电。

ⅱ. 拆装螺口灯头时，手指触及灯泡螺纹引起触电。

ⅲ. 调整仪器时，电源开关断开，但未拔下插头，开关上部分接点带电。

1.2.1.2 错误使用设备

在电子仪器调试或电路实验中，往往使用多种电器设备组成所需电路。如果不充分了解每种设备的电路接线情况，有可能将 220V 电源线引入到人们认为安全的地方，造成触电的危险。图 1.1 是错误使用自耦调压器，这是一个曾经发生事故的实例。图（a）为印刷板等实际操作图，图（b）为图（a）的等效电气原理图。

图 1.1 中，操作者试图用调压器来变化输入电压，试验稳压电源板在输入交流电压变化时的电路特性。电路接通时并没有异常现象，万用表测得电压十几伏，但在调整中用手碰电路板上元件时，却发生电击。其原因只要我们画出电路原理图就很清楚，因为两芯的插头很容易将端点 2 接到电源相线上，这样虽然用万用表测得 3、4 端电压为十几伏，但 4 端有对地 220V 的高电压，一旦碰到同它相接的元器件或印刷导线等，当然免不了触电。因此，决不可从自耦变压器输出端取得安全低压。

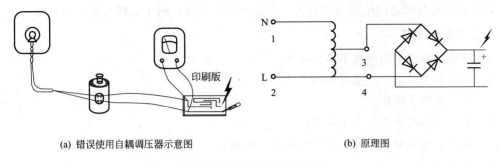

(a) 错误使用自耦调压器示意图   (b) 原理图

图 1.1　错误使用自耦调压器

预防的办法很简单，只要采用三芯插头，使自耦变压器的公共点 2 接到工作零线上即可。

1.2.1.3　金属外壳带电

电器设备的金属外壳如果带电，操作者很容易触电，这种情况在电击事故中占很大比例。

使金属外壳带电有种种原因，常发生的情况有以下几种。

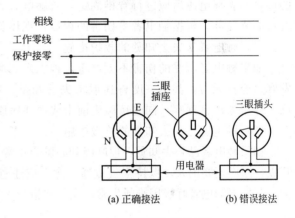

ⅰ. 电源线虚焊，造成在运输、使用过程中开焊脱落，搭接在金属件上而同外壳连通。

ⅱ. 工艺不良，产品本身带隐患。例如，用金属压片固定电源线，压片有尖棱或毛刺，容易在压紧或振动时损坏导线绝缘层。

ⅲ. 接线螺钉松动，造成电源线脱落。

ⅳ. 设备长期使用不检修，导线绝缘老化开裂，碰到外壳尖角处，形成通路。

图 1.2　三眼插头座的接法

ⅴ. 错误接线，有人在更换外壳，接保护零线设备插头、插座时，错误连接，如图 1.2 (b) 所示。结果造成外壳直接接到电源火线上（注意：此时设备运行是正常的，不容易引起人们的注意）。正确的接线法见图 1.2(a) 所示。

1.2.1.4　电容器放电

电容器能够存储电能。一个充了电的电容器，具有同充电电源相同的电压，所储电能同电容器容量有关。断开电源后，电能可以存储相当长的时间。电容器同样可以产生电击，尤其是高电压、大容量电容器，可以造成严重的、甚至于致命的电击。一般电压超过千伏或者电压虽低但容量大于千微法以上的电容器，测试前一定要先放电。

1.2.2　防止触电

1.2.2.1　安全措施

接通电源前要记住"四查而插"。查电源线有无破损；查插头有无外露金属或内部松动；查电源插头两极有无短路，同金属外壳有无通路；查设备所需电压值是否与供电电压相符。

最简单方法用万用表 $\Omega \times 1k$ 或 $\Omega \times 10k$ 挡，在电源开关断开时，对于两芯插头，两个电极之间及它们与外壳之间电阻为无穷大，电源开关闭合时，两个电极与外壳均不通。

1.2.2.2　安全操作

　　ⅰ．检修电器和电路要拔下电源插头。

　　ⅱ．不要湿手开关、插拔电源线。

　　ⅲ．尽可能单手操作。

　　ⅳ．不在疲劳状态从事电工作业。

　　ⅴ．对大容量电容要放电后再对电路进行检修。

1.2.3　触电急救

　　发生触电事故时，千万不要惊慌失措，必须用最快的速度使触电者脱离电源。触电时间越长，对人体损害越严重，一两秒的迟缓都可能造成不可挽救的后果。触电者未脱离电源前本身就是带电体，同样会使抢救者触电。在移动触电者离开电源时，要保护自己不要受第二次电击伤害。首先要关闭电源，用干燥的木棒、竹竿、橡胶圈等拨开电线，或者用衣服套住触电者的某个部位，将其从电源处移开。无论用什么方法，应立即切断触电者身体与电源的接触。脱离电源后应进行脊椎固定，若触电者无呼吸、无脉搏，在送往医院的途中要积极进行心脏复苏。根据触电者受伤害的程度，现场救护有以下几种措施。

　　（1）触电者未失去知觉的救护措施

　　如果触电者所受的伤害不太严重，神志尚清醒，只是心悸、出冷汗、恶心、呕吐、四肢发麻、全身无力，甚至一度昏迷但未失去知觉，则可先让触电者在通风暖和的地方静卧休息，并派人严密观察，同时请医生前来或送往医院救治。

　　（2）触电者已失去知觉的抢救措施

　　如果触电者已失去知觉，但呼吸和心脏尚正常，则应使其舒适地平卧着，解开衣服以利于呼吸，四周不要围人，保持空气流通，冷天应注意保暖，同时立即请医生前来或送往医院诊治。若发现触电者呼吸困难或失常，应立即施行人工呼吸（如图1.3所示）或胸外心脏挤压。

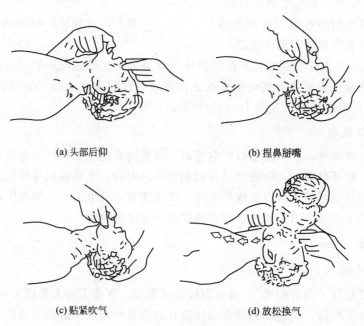

　　(a) 头部后仰　　　　　　　　　　　　　　(b) 捏鼻掰嘴

　　(c) 贴紧吹气　　　　　　　　　　　　　　(d) 放松换气

图1.3　人工呼吸示意图

（3）胸外按压

胸外按压是借助人力使触电者恢复心脏跳动的急救方法。操作要领是：触电者仰面躺在平硬的地方并解开其衣服，仰卧姿势与口对口人工呼吸法相同。右手的食指和中指沿触电者的右侧肋弓下缘向上，找到肋骨和胸骨接合处的中点。另一只手的掌根紧挨食指上缘，置于胸骨上，掌根处即为正确按压位置，如图1.4所示。

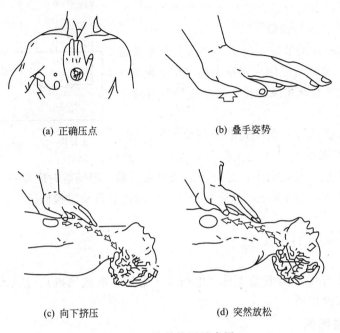

(a) 正确压点　　　　　　　　　　(b) 叠手姿势

(c) 向下挤压　　　　　　　　　　(d) 突然放松

图 1.4　胸外按压示意图

1.3　设备安全用电

电器设备所使用的是交流电源，有三相 380V 和单相 220V。电器设备都有可能存在因绝缘损坏而漏电的问题。为了确保人身安全和电器设备不损坏，使用前应对电器进行检查，发现异常及时处理。

1.3.1　设备通电前检查

将用电设备接入电源，这个问题似乎很简单，其实不然。有的昂贵设备，接上电源一瞬间变成废物；有的设备本身若有故障会引起整个供电网异常，造成难以挽回的损失。因此，建议设备接电前应进行"三查"。

　ⅰ.查设备铭牌。

　ⅱ.查环境电源。

　ⅲ.查设备本身。

1.3.2　设备使用异常的处理

用电设备在使用中可能发生以下几种异常情况。

　ⅰ.设备外壳或手持部位有麻电感觉。

　ⅱ.开机或使用中熔断丝烧断。

ⅲ.出现异常声音,如噪声加大,有内部放电声,电机转动声音异常等。

ⅳ.异味最常见为塑料味,绝缘漆发出的气味,甚至烧焦的气味。

ⅴ.机内打火,出现烟雾。

ⅵ.仪表指示超范围。有些指示仪表数值突变,超出正常范围。

异常情况处理办法如下。

ⅰ.凡遇上述异常情况之一,应尽快断开电源,拔下电源插头,对设备进行检修。

ⅱ.对烧断熔断器的情况,决不允许换上大容量熔断继续工作,一定要查清原因后再换上同规格熔断器。

ⅲ.及时记录异常现象及部位,避免检修时再通电查找。

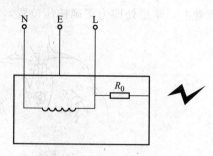

图 1.5　设备绝缘受损漏电示意图

ⅳ.对有麻木感觉但未造成触电的现象不可忽视。这种情况往往是绝缘受损但未完全损坏,如图 1.5 所示相当于电路中串联一个大电阻,暂时未造成严重后果,但随着时间推移,绝缘将会逐渐地被完全破坏,电阻 R_0 急剧减小,危险也会增大,因此必须及时检修。

1.4　电子装焊操作安全

电子装焊工作环境常用电动工具(电烙铁、电钻、电热风机)、仪器设备和制作装置,所以应注意以下安全规则。

1.4.1　防止机械损伤

ⅰ.不要戴手套和披长发操作钻床。

ⅱ.用剪线钳剪元件引线时,要让引线甩出方向朝着工作台或空地,以防伤及人和设备。

ⅲ.用螺丝刀拧螺钉时,另一只手不要握在螺丝刀刀口方向。

1.4.2　防止烫伤

ⅰ.不要用手触摸电烙铁和电热风枪及出故障电路时的发热器件。

ⅱ.烙铁头上多余焊锡不要往后乱甩。

ⅲ.插拔电烙铁等电器的电源插头时不要手抓电源线,要手拿插头。

1.5　用电安全技术

实践证明,采用用电安全技术可以有效预防电气事故。已有的技术措施不断完善,新的技术不断涌现,需要人们了解并正确运用这些技术,不断提高安全用电的水平。

1.5.1　接地和接零保护

在低压配电系统中,有变压器中性接地和不接地两种系统,相应的安全措施有接地保护和接零保护两种方式。

1.5.1.1　接地

在中性点不接地的配电系统中,电气设备宜采用接地保护。这里的"接地"同电子电路中简称的"接地"(在电子电路中"接地"是指公共参考电位"零点")不是一个概念,这里是真正的接大地。即将电气设备的某一部分与大地土壤作良好的电气连接，一般通过金属接地体并保证接地电阻小于 4Ω。接地保护原理如图 1.6 所示。如没有接地保护，则流过人体电流为

$$I_r = \frac{U}{R_r + \dfrac{Z}{3}}$$

式中　I_r——流过人体电流；

　　　U——相电压；

　　　R_r——人体电阻；

　　　Z——相线对地阻抗。

当接上保护地线时，相当于给人体电阻并上一个接地电阻 R_g，此时流过人体的电流为

$$I_r' = \frac{R_g}{R_g + R_r} I_r$$

由于 $R_g \ll R_r$，故可有效保护人身安全。

由此也可看出，接地电阻越小，保护越好，这就是为什么在接地保护中总要强调接地电阻要小的缘故。

1.5.1.2　接零保护

对变压器中性点接地系统（现在普遍采用电压为 380V/220V 三相四线制电网）来说，采用外壳接地已不足保证安全。参考图 1.6，因人体电阻 R_r 远大于设备接地电阻 R_g，所以人体受到的电压就是相线与外壳短路时，外壳的对地电压 U_∂，而 U_∂ 取决于下式

$$U_\partial \approx \frac{R_g}{R_0 + R_g} U$$

式中　R_0——工作接地的接地电阻；

　　　R_g——保护接地的接地电阻；

　　　U——相电压。

如果 $R_0 = 4\Omega$，$R_g = 4\Omega$，$U = 220V$，则 $U_\partial \approx 110V$，这个电压对人来说是不安全的。因此，在这种系统中，应采用保护接零，即将金属外壳与电网零线相接。一旦相线碰到外壳即可形成与零线之间的短路，产生很大的电流，使熔断器或过流开关断开，切断电流，因而可防止电击危险。这种采用保护接零的供电系统，除工作接地外，还必须有重复接地保护，如图 1.7 所示。

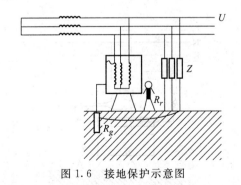

图 1.6　接地保护示意图

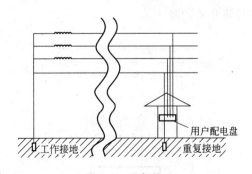

图 1.7　重复接地

图 1.8 表示民用 220V 供电系统的保护零线和工作零线。在一定距离和分支系统中，必

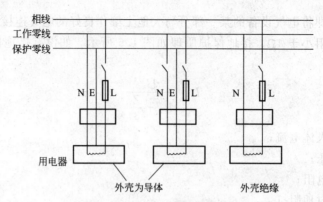

图1.8 单相三线制用电器接线

须采用重复接地，这些属于电工安装中的安全规则，电源线必须严格按有关规定制作。

应注意的是这种系统中的保护接零必须是接到保护零线上，而不能接到工作零线上。保护零线同工作零线，虽然它们对地的电压都是零伏，但保护零线上是不能接熔断器和开关的，而工作零线上则根据需要可接熔断器及开关。这对有爆炸、火灾危险的工作场所为减轻过负荷的危险是必要的。

1.5.2 漏电保护开关

漏电保护开关也叫触点保护开关，是一种保护切断型的安全技术，它比保护接地或保护接零更灵敏、更有效。据统计，某城市普遍安装漏电保护器后，同一时间内触电伤亡人数减少了 2/3，可见技术保护措施的作用不可忽视。

漏电保护开关有电压型和电流型两种，其工作原理有共同性，即都可把它看作是一种灵敏继电器，如图1.9所示，检测器JC控制开关S的通断。对电压型而言，JC检测用电器对地电压；对电流型则检测漏电流，超过安全值即控制S动作切断电源。

由于电压型漏电保护开关安装比较复杂，因此目前发展较快且使用广泛的是电流型保护开关。电流型保护开关不仅能防止人体触电而且能防止漏电造成火灾，既可用于中性点接地系统也可用于中性点不接地系统，既可单独使用也可保护接地、保护接零共同使用，而且安装方便，值得大力推广。

典型的电流型漏电保护开关工作原理如图1.10所示。当电器正常工作时，流经零序互感器的电流大小相等，方向相反，检测输出为零，开关闭合电路正常工作。当电器发生漏电时，漏电流不通过零线，零序互感器检测到不平衡电流并达到一定数值时，通过放大器输出信号将开关切断。

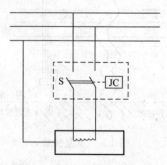

图1.9 漏电保护开关 ·

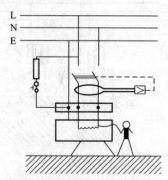

图1.10 电流型漏电保护开关

图1.8中按钮与电阻组成检测电路，选择电阻使此支路电流为最小动作电流，既可测试开关是否正常。

按国家标准规定，电流型漏电保护开关电流时间乘积不少于30mA·s。实际产品一般额定动作电流为30mA，动作时间为0.1s。如果是在潮湿等恶劣环境下，可选取动作电流更小的规格。另外还有一个额定不动作电流，一般取5mA，这是因为用电线路和电器都不可避免地存在着微量漏电。

选择漏电保护开关更要注重产品质量。一般来说，经国家电工产品认证委员会认证，带有安全标志的产品是可信的。

第②章

常用电子元器件

电子元器件是组成电子产品的基础。了解常用电子元器件的种类、结构、性能，并能正确选用是学习、掌握电子技术的基本功之一。

2.1 电阻器

2.1.1 电阻器和电位器的型号命名方法

对于两端元件，凡是伏安特性满足 $u = Ri$ 关系的理想电路元件叫电阻，其值大小就是比例系数 R（当电流单位为安培、电压单位为伏特时，电阻的单位为欧姆）；在电路中常用来做分压、限流等。电阻器可分为固定电阻器（含特种电阻器）和可变电阻器（电位器）两大类。

国内电阻器和电位器的型号一般由四部分组成，分别代表产品的主称、材料、分类和序号，各部分符号及其含义见表2.1。

表 2.1 电阻器和电位器型号的命名方法

第一部分		第二部分		第三部分		第四部分
用字母表示主称		用字母表示材料		用数字或字母表示分类		用数字表示序号
符号	意义	符号	意义	符号	意义	
R	电阻器	T	碳膜	1	普通	
W	电位器	P	硼碳膜	2	普通	
		U	硅碳膜	3	超高频	
		H	合成膜	4	高阻	
		I	玻璃釉膜	5	高温	
		J	金属膜(箔)	7	精密	
		Y	氧化膜	8	电阻:高压;电位器:特殊	
		S	有机实芯	9	特殊	
		N	无机实芯	G	高功率	
		X	线绕	T	可调	
		C	沉积膜	X	小型	
		G	光敏	L	测量用	
				W	微调	
				D	多圈	

例如：RJ13——普通金属膜电阻器。

常用电阻器、电位器的外形及图形符号如图2.1所示。

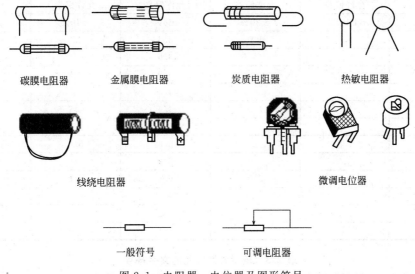

图 2.1 电阻器、电位器及图形符号

2.1.2 电阻器的主要参数及标志方法

2.1.2.1 电阻器的标称阻值和偏差

由于工业化大批量生产的电阻器不可能满足使用者的所有要求，因此为了保证能在一定的阻值范围内选用电阻器，就需要按一定规律设计电阻器的阻值数列。一般选用一个特殊的几何级数，其通项公式为

$$a_n = (\sqrt[k]{10})^{n-1} \times \sqrt[k]{10}$$

式中，"10 的 k 次方根"是几何级数的公比，n 是几何级数的项数。若在 10 内要求有 6 个值，则 k 选为 6，公比是 1.48，在 10 以内的 6 个值分别为 1.1，1.468，2.154，3.162，4.642，6.813，然后将数值归纳并取其接近值，则为：1.0，1.5，2.2，3.3，4.7，6.8。电阻器的标称值系列就是将 k 分别选择为 6、12、24、48、96、192 所得值化整后构成的几何级数数列，称 E6，E12，E24，E48，E96，W192 系列，这些系列分别适用于允许偏差为 ±20%、±10%、±5%、±1% 和 ±0.5% 的电阻器。

这种标称值系列（如表2.2所示）的优越性就在于：在同一系列相邻两值中较小数值的正偏差与较大数值的负偏差彼此衔接或重叠，所以制造出来的电阻器，都可以按照一定标称值和误差分选。表 2.2 中的标称值可以乘以 10^n，例如 4.7Ω 这个标称值，就有 0.47Ω、4.7Ω、47Ω、470Ω、4.7kΩ、……。

电阻器的标称电阻值和偏差一般都直接标在电阻体上，其标识方法有三种：直标法、文字符号法和色标法。

① 直标法 是用阿拉伯数字和单位符号在电阻器表面直接标出标称阻值，其允许偏差直接用百分数表示。

② 文字符号法 是用阿拉伯数字和字母符号两者有规律地组合来表示标称阻值，其允许偏差也用文字符号表示，如表2.3所示。符号前面的数字表示整阻值，后面的数字依次表示第一位小数阻值和第二位小数阻值，其文字符号如表2.4所示。例如 1R5 表示 1.5Ω，

表 2.2　普通电阻器的标称阻值系列

E24	E12	E6	E24	E12	E6
允许偏差	允许偏差	允许偏差	允许偏差	允许偏差	允许偏差
±5%	±10%	±20%	±5%	±10%	±20%
1.0	1.0	1.0	3.3	3.3	3.3
1.1			3.6		
1.2	1.2		3.9	3.9	
1.3			4.3		
1.5	1.5	1.5	4.7	4.7	4.7
1.6			5.1		
1.8	1.8		5.6	5.6	
2.0			6.2		
2.2	2.2	2.2	6.8	6.8	6.8
2.4			7.5		
2.7	2.7		8.2	8.2	
3.0			9.1		

表 2.3　表示允许偏差的文字符号

文字符号	允许偏差	文字符号	允许偏差
B	±0.1%	J	±5%
C	±0.25%	K	±10%
D	±0.5%	M	±20%
F	±1%	N	±30%
G	±2%		

表 2.4　表示电阻单位的文字符号

文字符号	允许偏差	文字符号	允许偏差
R	欧姆(Ω)	G	千兆欧姆($10^9\ \Omega$)
K	千欧姆($10^3\ \Omega$)	T	兆兆欧姆($10^{12}\ \Omega$)
M	兆欧姆($10^6\ \Omega$)		

表 2.5　各色环所代表的意义

颜　色	有效数字	倍　率	允许误差/%
棕	1	10^1	±1
红	2	10^2	±2
橙	3	10^3	
黄	4	10^4	
绿	5	10^5	±0.5
蓝	6	10^6	±0.25
紫	7	10^7	±0.1
灰	8	10^8	
白	9	10^9	
黑	0	10^0	
金		10^{-1}	±5
银		10^{-2}	±10
无色			±20

2K7 表示 2.7kΩ。

③ 色标法 是用不同颜色的带或点在电阻器表面标出标称阻值和允许偏差。各色环所代表的意义如表 2.5 所示。根据其精度不同又分为以下两种色标法。

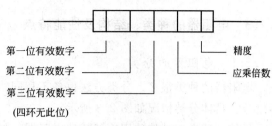

ⅰ. 两位有效数字色标法。普通电阻器用四条色环表示标称阻值和允许偏差，其中三条表示阻值，一条表示偏差。

图 2.2 色环的表示方法

ⅱ. 三位有效数字色标法。精密电阻器用五条色环表示标称阻值和允许偏差。

如图 2.2 所示，为色环的表示方法。例如电阻器上的色环依次为红、紫、红和金色，则其阻值为 $27×100＝2.7kΩ$，误差为 $±5\%$。

2.1.2.2 电阻器的额定功率

额定功率指电阻器在正常大气压力（650～800mmHg❶）及额定温度下，长期连续工作并能满足规定的性能要求时，所允许耗散的最大功率。

电阻器的额定功率也是采用了标准化的额定功率系列值，其中线绕电阻器的额定功率系列为 3W、4W、8W、10W、16W、25W、40W、50W、75W、100W、150W、250W、500W。非线绕电阻器的额定功率系列为：0.05W、0.125W、0.25W、0.5W、1W、2W、5W。

小于 1W 的电阻器在电路图中常不标出额定功率符号。大于 1W 的电阻器都用阿拉伯数字加单位表示，如 25W。

电阻器的其他参数还有：表示电阻器热稳定性的温度系数；表示电阻器对外加电压的稳定程度的电压系数；表示电阻器长期工作不发生过热或电压击穿损坏等现象时最大工作电压等。

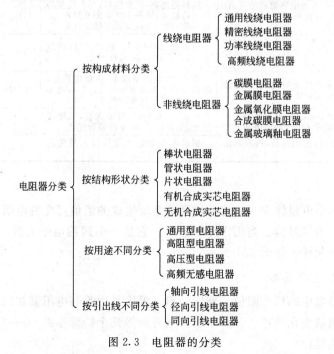

图 2.3 电阻器的分类

---

❶ 1mmHg＝133.322Pa。

2.1.3 电阻器的种类、结构及性能特点

2.1.3.1 电阻器的分类

电阻器的种类很多，分类方法也各不相同。通常有固定电阻器、可变电阻器和敏感电阻器之分。具体分类情况如图 2.3 所示。

另外，还有一种特殊用途的敏感电阻器，如光敏电阻器、热敏电阻器、压敏电阻器、气敏电阻器、力敏电阻器、磁敏电阻器等。这些敏感电阻器在电路中主要用作传感器，以实现将其他光、热、压力、气味等物理量转换成电信号的功能。

2.1.3.2 电阻器的结构及性能特点

常用电阻器的结构及性能特点，如表 2.6 所示。

表 2.6 常用电阻器的结构及性能特点

名称	结构	性能特点	阻值范围	额定功率
碳膜电阻器	通过真空高温热分解的结晶碳沉积在柱形的或管形的陶瓷骨架上制成。用控制膜的厚度和刻槽法来控制电阻值	有良好的稳定性，负温度系数小，高频特性好，受电压及频率影响较小，噪声电动势小，阻值范围宽	$1\Omega \sim 10M\Omega$	$1/8 \sim 10W$
金属膜电阻器	将金属或合金材料用高真空加热蒸发法在陶瓷体上形成一层薄膜制成	稳定性好，耐热性能好，温度系数小，电压系数比碳膜电阻更好，工作频率范围大，噪声电动势小	$1\Omega \sim 200M\Omega$	$1/8 \sim 2W$
金属氧化膜电阻器	用锡或锑等金属盐溶液喷雾到约为550℃的加热炉内的炽热陶瓷骨架表面上，沉积后而制成	比金属膜电阻抗氧化能力强，抗酸、抗盐的能力强，耐热性好（温度可达240℃）。缺点是由于材料特性及膜层厚度的限制，阻值范围小	$1\Omega \sim 200k\Omega$	$1/8 \sim 10W$ $25 \sim 50W$
合成碳膜电阻器	是将炭黑、填料和有机黏合剂配成悬浮液，涂覆在绝缘骨架上，经加热聚合而成	阻值范围宽，可达 $10 \sim 1 \times 10^6 M\Omega$。其缺点是抗湿性差，电压稳定性低，频率特性不好，噪声大	$10\Omega \sim 10^6 M\Omega$	$1/4 \sim 5W$
有机合成实芯电阻器	将炭黑、石墨等导电物质和填料、有机黏合剂混合成粉料，经热压后装入塑料壳内制成	机械强度高，可靠性好，具有较强的过负荷能力，体积小。但固有噪声、分布参数较大，电压及温度稳定性差	$4.7\Omega \sim 22k\Omega$	$1/4 \sim 2W$
玻璃釉电阻器	由金属银、铑、钌等金属氧化物和玻璃釉黏合剂混合成浆料，涂覆在陶瓷骨架体上，经烧结而成	耐高温、耐湿性好，稳定性好，噪声小、温度系数小，阻值范围大	$4.7\Omega \sim 200M\Omega$	$1/8 \sim 2W$
线绕电阻器	用高比电阻材料康铜、锰铜或镍铬合金丝缠绕在陶瓷骨架上制作而成	噪声小，温度系数小，热稳定性好，耐高温，（工作温度可达315℃），功率大等。缺点是高频特性差	$0.1\Omega \sim 5M\Omega$	$1/8\Omega \sim 500W$
片状电阻器	由陶瓷基片、电阻膜、玻璃釉保护和端头电极组成的无引线结构电子元件	体积小，重量轻，性能优良，温度系数小，阻值稳定，可靠性强等优点	$10\Omega \sim 10M\Omega$	$1/20 \sim 1/4W$
熔断电阻器	常用陶瓷或白水泥封装，内有热熔性电阻丝	保护电路中电源及其他元件免遭损坏	$0.33\Omega \sim 10k\Omega$	$1/4 \sim 2W$

2.1.4 电位器

电位器是由一个电阻体和一个转动或滑动系统组成的阻值可变的电阻，其主要作用是用来分压、分流和作为变阻器。当用作分压器时，它是一个四端电子元件；当用作变阻器时，它是一个两端电子元件，如图 2.4 所示。

2.1.4.1 电位器主要参数

电位器主要参数中的标称阻值、额定功率、温度系数等与电阻器相同，不再重述，这里仅介绍电位器的阻值变化规律、分辨率及机械寿命等几个特殊参数。

（1）阻值变化规律

电位器的阻值变化规律是指其阻值随滑动触点旋转角度或滑动行程之间的变化关系。常用的有直线式、对数式和指数式三种，分别用 X、D、Z 来表示，如图 2.5 所示。

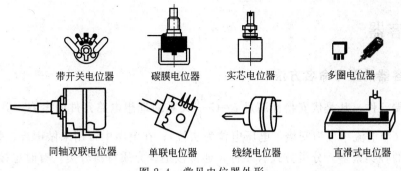

图 2.4 常见电位器外形

直线式电位器的阻值变化与旋转角度成直线关系，可用于分压、调流等。

指数式电位器因其上的导电物质分布不均匀，所以其阻值按旋转角度依指数关系变化。音量调整一般采用指数式电位器，使声音变化听起来显得平稳、舒适。

对数式电位器的阻值按旋转角度依对数关系变化，一般用在收录机、电视机的音量调控制电路中。

图 2.5 电位器旋转角和实际阻值变化关系

X—直线式；D—对数式；Z—指数式

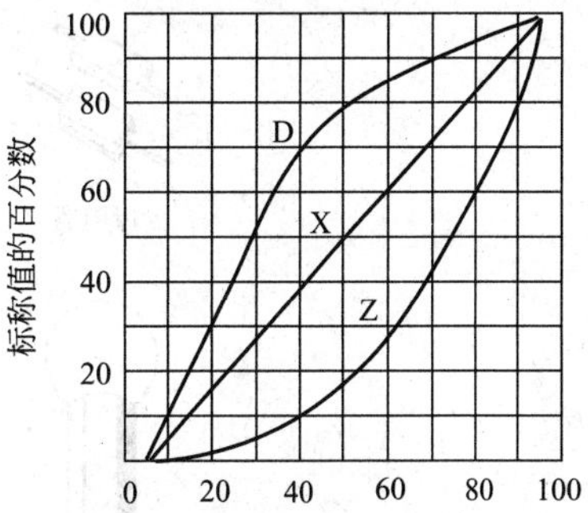

（2）分辨率

分辨率反映了电位器的调节精度，对于线绕电位器来讲，当动触点每移动一圈时，输出电压的变化量与输出电压的比值称其为分辨率。由于非线绕电位器的阻值是连续变化的，因此分辨率较高。

（3）机械寿命

机械寿命是指电位器在规定的试验条件下，动触点运动的总周数，通常又称为耐磨寿命。线绕电位器的机械寿命为 500 周左右，合成碳膜电位器的机械寿命可达两万周次。

2.1.4.2 电位器的分类

电位器种类繁多，分法也不同，具体分类情况如图 2.6 所示。

- 电位器分类
  - 按电阻实体材料分类
    - 线绕电位器
      - 通用电位器
      - 精密线绕电位器
      - 功率型线绕电位器
      - 微调线绕电位器
    - 非线绕电位器
      - 碳膜电位器
      - 金属膜电位器
      - 金属氧化膜电位器
      - 玻璃釉电位器
      - 有机实芯电位器
      - 无机实芯电位器
  - 按接触方式分类
    - 接触式电位器
    - 非接触式电位器
      - 光电电位器
      - 电子电位器
      - 磁敏电位器
  - 按结构特点分类
    - 单联、双联、多联电位器
    - 单圈、多圈电位器
    - 开关电位器
    - 锁紧、非锁紧电位器
  - 按调节方式分类
    - 旋转式电位器
    - 直滑式电位器

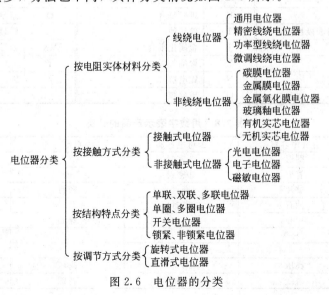

图 2.6 电位器的分类

2.2 电容器

2.2.1 电容器的型号命名方法

对于二端元件，凡是伏安特性满足 $i = C\dfrac{du}{dt}$ 关系的理想电路元件叫电容，其值大小就是比例系数 C（当电流单位为安培、电压电位为法拉）；在电路中常用来做耦合、旁路等。

电容器的种类繁多，分类方式有多种，通常按绝缘介质材料分类，有时也按容量是否可调分类。常见电容器的外形及电路符号如图 2.7 所示。国内电容器的型号一般由四部分组成：主称、介质材料、分类和序号，各部分的确切含义如表 2.7 和表 2.8 所示。

图 2.7　电容器的外形及电路符号

表 2.7　用字母表示产品的材料

字母	电容器介质材料	字母	电容器介质材料	字母	电容器介质材料
A	钽电解	H	纸膜复合	Q	漆膜
B	聚苯乙烯等非极性薄膜	I	玻璃釉	ST	低频陶瓷
C	高频陶瓷	J	金属化纸介	VX	云母纸
D	铝电解	L	聚酯等极性有机薄膜	Y	云母
E	其他材料电解	N	铌电解	Z	纸
G	合金电解	O	玻璃膜		

表 2.8　用数字表示产品的分类

数字	瓷介电容器	云母电容器	有机电容器	电解电容器
1	圆形	非密封	非密封	箔式
2	管形	非密封	非密封	箔式
3	叠片	密封	密封	烧结粉,非固体
4	独石	密封	密封	烧结粉,固体
5	穿心		穿心	
6	支柱等			
7				无极性
8	高压	高压	高压	
9			特殊	特殊

2.2.2 电容器的主要参数及标志方法

2.2.2.1 电容器的标称容量和偏差

不同材料制造的电容器，其标称容量系列也不一样，一般电容器的标称容量系列与电阻采用的系列相同，即 E24、E12、E6 系列。

电容器的标称容量和偏差一般直接标在电容体上，其标识方法有以下几种。

（1）直标法

直标法就是在电容器的表面上直接用数字或字母标注出标称容量、额定电压等参数。

（2）字母与数字混合标注法

ⅰ．该种标注方法的具体做法是：用 2～4 位数字和一个字母混合后表示电容器的容量大小。其中数字表示有效数字，字母表示数值的量级。常用的字母有 m，μ，n，p 等。字母 m 表示毫法（1×10^{-3}F）、μ 表示微法（1×10^{-6}F）、n 表示纳法（1×10^{-9}F）、p 表示皮法（1×10^{-12}F）。

ⅱ．字母有时也表示小数点。如 3F32 表示标称容量为 3.32F。

ⅲ．有的是在数字前面加 R 或 P 等字母时，表示零点几微法或皮法。

（3）三位数字的表示法

三位数字的表示法也称作电容量的数码表示法。三位数字的前两位数字为标称容量的有效数字，第三位数字表示有效数字后面零的个数，它们的单位都是 pF。如：102 表示标称容量为 1000pF。在这种表示法中有一个特殊情况，就是当第三位数字用"9"表示时，是用有效数字乘上 1×10^{-1} 来表示容量大小。

（4）四位数字的表示法

四位数字的表示法也称作不标单位的直接表示法。这种标注方法是用 1～4 为数字表示电容器的电容量，其容量单位为 pF。如用零点零几或零点几表示容量时，其单位为 uF。

（5）色标法

电容器的色标法与电阻器的色环法基本一样，是在元件外表涂上色带或色点表示容量，颜色表示的意义同电阻器。

2.2.2.2 电容器的额定直流工作电压

额定直流工作电压指在电路中能够长期可靠地工作不被击穿时所能承受的最大直流电压。其大小与介质的种类和厚度有关。

钽、钛、铌、固体铝电解电容器的直流工作电压，系指 85℃ 条件下能长期正常工作的电压。如果电容器工作在交流电路中，则应注意所加的交流电压的最大值（峰值）不能超过额定直流工作电压。

电容器常用的额定电压有：6.3V、10V、16V、25V、63V、100V、160V、250V、400V、630V、1000V、1600V、2500V 等。

2.2.2.3 电容器的频率特性

频率特性是指电容器在交流电路工作时（高频情况下），其电容量等参数随电场频率而变化的性质。电容在高频电路工作时，随频率的升高，介电常数减小，电容量减小，电损耗增加，并影响其分布参数等性能。

2.2.2.4 电容器的损耗角正切

损耗角正切 tanδ 这个参数是用来表示电容器能量损耗的大小。它又分为介质损耗和金属损耗两部分。其中金属损耗包括金属极板和引线端的接触电阻所引起的损耗,在高频电路工作时,金属损耗占的比例很大。介质损耗包括介质的漏电流所引起的电导损耗、介质的极化引起的极化损耗和电离损耗。它是由介质与极板之间在电离电压作用下引起的能量损耗。

2.2.3 电容器的种类、结构及性能特点

2.2.3.1 电容器的种类

电容器的种类很多,分类方法也各不相同,具体分类情况如图2.8所示。

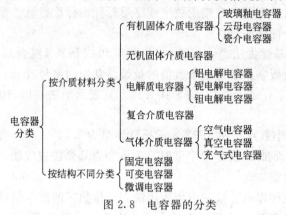

图2.8 电容器的分类

2.2.3.2 常用电容器结构及性能特点

常用电容器结构及性能特点如表2.9所示。

表2.9 常用电容器结构及性能特点

名称	结　构	性能特点	容量范围	工作电压
铝电解电容器	以氧化膜为介质,其厚度一般为0.02~0.03μm	单位体积的电容量大、重量轻、介电常数较大。但时间稳定性差、漏电流大、耐压不高	1~10000μF	6.3~450V
钽电解电容器	固体钽电解电容器的正极是用钽粉压块烧结而成的,介质为氧化钽;液体钽电解电容的负极为液体电解质,并采用银外壳	可靠性高、稳定性好、漏电流小、体积小、容量大、寿命长、耐温性好	1~1000μF	6.3~125V
金属化纸介电容器	用真空蒸发的方法在涂有漆的纸上再蒸发一层厚度为0.01μm的薄金属膜作为电极。再用这种金属化纸卷绕成芯子,装入外壳中,加上引线后封装而成	体积小、容量大、自愈能力强。但稳定性能差、老化性能差	6500pF~30μF	63~1600V
涤纶电容器	介质为涤纶薄膜,外形结构有金属壳密封的、有的是塑料壳密封的、有的是将卷好的芯子用带色的环氧树脂包封的	容量大、体积小、耐热、耐湿性好。但稳定性较差	470pF~4μF	63~630V
云母电容器	介质为云母,电极有金属筒式和金属膜式。在云母上被覆一层银电极,芯子结构是装叠而成的,外壳有金属外壳、陶瓷外壳和塑封外壳	稳定性高、精密度高、可靠性高、介质损耗小、固有电感小、温度特性好、频率特性好、不易老化、绝缘电阻高	5~51000pF	100V~7kV
瓷介电容器	用陶瓷材料作介质,在陶瓷片上覆银而制成电极,并焊上引出线,再在外层涂以各种颜色的保护漆,以表示系数	耐热性能好、稳定性好、绝缘性能好、介质损耗小、温度系数范围宽。但电容量小、机械强度低	1~6800pF	63~500V1~30kV

2.2.4 可变电容器

可变电容器一般由两组金属片组成电极,其中固定的一组称为定片,可旋转的一组称为动片,当旋转动片角度时,就可以达到改变电容量大小的目的。通常依据结构特征又分为固

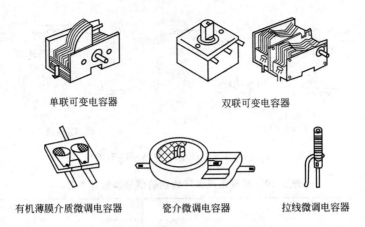

单联可变电容器　　　　　　双联可变电容器

有机薄膜介质微调电容器　　瓷介微调电容器　　拉线微调电容器

图 2.9　常见可变电容器的实物图

体介质可变电容器、空气介质可变电容器和微调电容器。常用可变电容器如图 2.9 所示。

（1）固体介质可变电容器

在动片与定片之间加上云母片或塑料薄膜做介质的可变电容器叫固体介质电容器。这种可变电容器整个是密封的。依据电极组数又分为单联、双联和多联几种可变电容器，如用于调频调幅收音机中的就是四联可变电容器。

（2）空气介质可变电容器

当可变电容器的动片与定片之间的介质为空气时则称为空气介质可变电容器。常见的有单联及双联可变电容器，其最大容量一般为几百 pF。

（3）微调电容器

微调电容器又叫半可变电容器，它是在两片或两组小型金属弹片中间夹有云母介质或有机薄膜介质组成的；也有的是在两个陶瓷片上镀上银层制成的，称作瓷介微调电容器。用螺钉旋动调节两组金属片间的距离或交叠角度即可改变电容量。微调电容主要用作电路中补偿电容或校正电容等，如一般由于收音机或其他电子设备的振荡电路频率精确调整电路中。电容范围较小，一般为几皮法到几十皮法。

2.3　电感器和变压器

对于两端元件，凡是伏安特性满足 $u = L \dfrac{di}{dt}$ 关系的理想电路元件叫电感，其值大小就是比例系数 L（当电流单位为安培、电压单位为伏特时，电感的单位为亨利）。电感又称电感线圈，是利用自感作用的元件，在电路中主要起调谐、振荡、延迟和补偿等作用。

变压器是利用多个电感线圈产生互感作用的元件。变压器实质上也是电感器。它在电路中主要起变压、耦合、匹配、选频等作用。

2.3.1　电感器的型号命名方法

电感器的型号命名一般由主称、性能特征、结构特征和区别代号四部分组成。表 2.10 为部分国产固定线圈的型号和性能参数。

电感线圈就是用漆包或纱布包线一圈靠一圈地绕在绝缘管架、磁芯或铁芯上的一种元件。各种电感线圈的电路符号如图 2.10 所示。

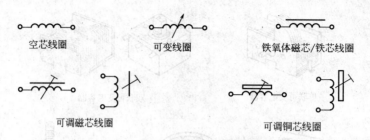

空芯线圈　　　　　　可变线圈　　　　铁氧体磁芯/铁芯线圈

可调磁芯线圈　　　　　　　　可调铜芯线圈

图 2.10　固定线圈外形图和各种电感线圈的电路符号

表 2.10　部分国产固定线圈的型号和性能参数

型　号	电感量范围/uH	额定电流/mA	Q 值	用　途
LG400 LG402 LG404 LG406	1～82000	50～150		
LG408 LG410 LG412 LG414	1～5600	50～250	30～60	
LG1	0.1～22000	A 组	40～80	
	0.1～10000	B 组	40～80	
	0.1～1000	C 组	45～80	
	0.1～560	D 组、E 组	40～80	
LG2	1～2200	A 组	7～46	
	1～10000	B 组	3～34	
	1～100	C 组	13～24	
	1～560	D 组	10～12	
	1～560	E 组	6～12	
LF12DR01	39%±10%	600		83P 型彩电
LF10DR01	150%±10%	800		84P 型电源滤波
LFSDR01	6.12～7.48		＞60	83P 型展光线圈

2.3.2　电感器的主要参数及标志方法

2.3.2.1　电感量及允许偏差

电感器电感量的大小主要取决于线圈的圈数、绕制方式及磁芯的材料等。其单位为亨利，用字母"H"表示。1H 的意义是当通过线圈的电流每秒钟变化 1 安培所产生的感应电动势为 1 伏特时，则线圈的电感量为 1 亨利。

固定电感器的标称电感量与允许偏差，都是根据 E 系列规范生产，具体可参阅电阻器部分相应内容。

2.3.2.2　标称电流值

电感器在正常工作时允许通过的最大电流叫标称电流值，也叫额定电流。若工作电流大于额定电流，电感器会发热而改变其固有参数甚至被烧毁。

电感器的电感量、允许偏差和标称电流值这几个主要参数都直接标识在固定电感器的外壳上，以便于生产和使用，标志方法有直标法和色标法两种。

ⅰ. 直标法即在小型固定电感器的外壳上直接用文字标出电感器的电感量、偏差和最大直流工作电流等主要参数。其中最大工作电流常用字母 A、B、C、D、E 等标志，字母与工作电流的对应关系如表 2.11 所示。

表 2.11　小型固定电感器的工作电流与字母对应关系

字　　母	A	B	C	D	E
最大工作电流/mA	50	150	300	700	1600

例如电感线圈外壳上标有：$10\mu H$、B、Ⅱ，说明该电感线圈的电感量为 10uH、最大工作电流为 150mA、允许误差为 $\pm 10\%$。

ⅱ. 色标法是在电感器的外壳上涂以各种不同颜色的环来表明其主要参数。其中第一条色环表示电感量的第一位有效数字；第二条色环表示电感量的第二位有效数字；第三条色环表示十进制倍数（即 10^n）；第四条色环表示偏差。数字与颜色的对应关系与色环电阻器标志方法相同，可参阅电阻器标志法。其单位为微亨（μH）。

如某一电感线圈的色环依次为蓝、灰、红、银，表明此电感线圈的电感量为 6800uH，允许误差为 $\pm 10\%$。

2.3.2.3　品质因数（Q 值）

品质因数是衡量电感器质量的重要参数，一般用字母"Q"表示，Q 值的大小表明了电感器损耗的大小，Q 值愈大，损耗愈小；反之损耗愈大。Q 在数值上等于线圈在某一频率的交流电压下工作时，线圈所呈现的感抗和线圈的损耗电阻的比值：$Q = 2\pi fL/R = wL/R$。

2.3.2.4　分布电容

线圈的匝与匝之间存在着电容，线圈与地、线圈与屏蔽层之间也存在着电容，这些电容称为线圈的分布电容。若把这些分布电容等效成一个总的电容 C，再考虑到线圈的电阻 R 的影响，就构成了分布电容 C 与线圈并联的等效电路，如图 2.11 所示。

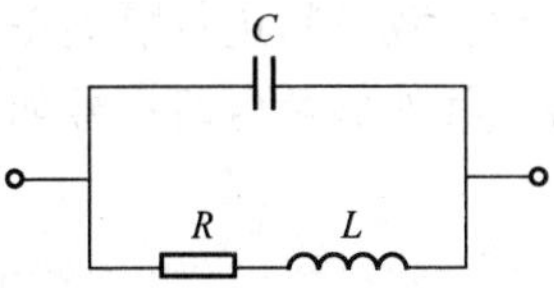

这个等效电路的谐振频率 $f = 1/(2\pi \sqrt{LC})$，该式称为线圈的固有频率。为了确保线圈稳定工作，应使其工作频率远低于固有频率。

图 2.11　等效电路图

依线圈等效电路看，在直流和低频工作情况下，R、C 可忽略不计，此时可当作一个理想电感对待。当工作频率提高后，R 及 C 的作用就逐步明显起来。随着工作频率提高，容抗和感抗相等时，达到固有频率。如果再提高工作频率，则分布电容的作用就突出起来，这时电感又相当于一个小电容。所以电感线圈只有在固有频率以下工作时，才具有电感性。

2.3.3　电感器的种类、结构及性能特点

电感器按其功能及结构的不同又分为固定电感器和可调电感器。常用的电感器有：固定电感器、可调电感器、阻流圈、振荡线圈、中周、继电器等。尽管在电路中作用不同，但通电后都具有储存磁能的特征。

2.3.3.1　固定电感器

用导线绕在骨架上，就构成了线圈。线圈有空芯线圈和带磁芯的线圈。绕组形式有单层

和多层之分，单层绕组有间绕和密绕两种形式，多层绕组有分层平绕、乱绕、蜂房式绕等形式。

ⅰ. 小型固定电感线圈是将线圈绕制在软磁铁氧体的基体上构成的，这样能获得比空芯线圈更大的电感量和较大的 Q 值。一般有立式和卧式两种，外表涂有环氧树脂或其他材料作保护层。由于其重量轻、体积小、安装方便等优点，被广泛应用在电视机、收音机等的滤波、陷波、扼流、振荡和延迟等电路中。

ⅱ. 高频天线线圈，其中磁体天线线圈一般采用纸管，用多股丝漆包线绕制而成。

ⅲ. 偏转线圈。黑白电视机的偏转线圈由两组线圈、铁氧体磁环和中心位置调节片等组成。为了在显像管的荧光屏上显示图像，就要使电子束沿着荧光屏进行扫描。偏转线圈就是利用磁场产生的力使电子束偏转，行偏转使得电子束沿水平方向运动，同时场偏转又使电子束沿垂直方向运动，结果在荧光屏上就形成了长方形的光栅。

2.3.3.2　可变电感器

线圈电感量的变化可分为跳跃式和平滑式两种。例如电视机的谐振选台所用的电感线圈，就可将一个线圈引出数个抽头，以供接受不同频道的电台信号，这种引出抽头改变电感量的方法，使得电感量呈跳跃式，所以也叫跳跃式线圈。

在需要平滑均匀改变电感值时，有以下三种方法。

ⅰ. 通过调节插入线圈中磁芯或铜芯的相对位置来改变线圈电感量。

ⅱ. 通过滑动在线圈上触点的位置来改变线圈匝数，从而改变电感量。

ⅲ. 将两个串联线圈的相对位置进行均匀改变以达到互感量的改变，从而使线圈的总电感量值随着变化。

2.3.4　变压器

利用两个线圈的互感作用，把初级线圈的电能传递到次级线圈上去，利用这个原理所制作的起交连、变压作用的器件称作变压器。其主要功能是变换电压、电流和阻抗，还可使电源和负载之间进行隔离等。常用的变压器有电源变压器、输入和输出变压器以及中频变压器，其外形及电路符号如图 2.12 所示。

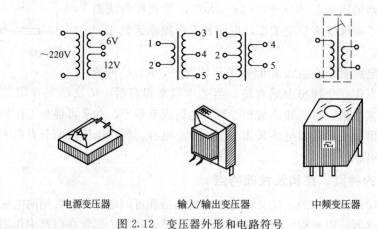

电源变压器　　　　输入/输出变压器　　　　中频变压器

图 2.12　变压器外形和电路符号

2.3.4.1　低频变压器

低频变压器可分为音频变压器和电源变压器两种，是变换电压和作阻抗匹配的元件。其中音频变压器又可分为输入变压器、级间变压器、推动变压器、输出变压器等。

2.3.4.2 中频变压器

中频变压器又叫中周，适用频率范围从几千赫兹到几十兆赫兹。一般变压器仅利用了电磁感应原理，而中频变压器还应用了并联谐振原理。因此，中频变压器不仅具有普通变压器的变换电压、电流及阻抗的特性，还具有谐振于某一固定频率的特性。在超外差式收音机中，它起到了选频和耦合的作用，在很大程度上决定了收音机的灵敏度、选择性和通频带等指标。其谐振频率在调幅式接收机中为 465kHz（或 455kHz），调频半导体收音机中频变压器的中心频率为 10.7MHz±100kHz，频率可调范围大于 500kHz。

2.3.4.3 高频变压器

高频变压器又称耦合线圈或调谐线圈，天线线圈和振荡线圈都是高频变压器。

2.3.4.4 电视机行输出变压器

行输出变压器是电视机行扫描电路的专用变压器，常称回扫变压器。

2.4 半导体分立器件

2.4.1 半导体分立器件的命名与分类

2.4.1.1 半导体分立器件的命名

半导体分立元件的命名方法如表 2.12～表 2.15 所示。

表 2.12 中国半导体器件型号命名法

第一部分		第二部分		第三部分		第四部分
用数字表示器件的电极数目		用拼音字母表示器件的材料和极性		用拼音字母表示器件的类型		
符号	意义	符号	意义	符号	意义	
2	二极管	A	N 型,锗管	A	高频大功率管	用数字表示器件的序号
		B	P 型,锗管	D	低频大功率管	
		C	N 型,硅管	G	高频小功率管	
		D	P 型,硅管	X	低频小功率管	
3	三极管	A	PNP 型,锗管	P	普通管	
		B	NPN 型,锗管	W	稳压管	
		C	PNP 型,硅管	Z	整流管	
		D	NPN 型,硅管	U	光敏管	
				CS	场效应管	
				T	晶闸管	
				FG	发光管	

表 2.13 日本半导体器件型号命名法

第一部分		第二部分		第三部分		第四部分
用数字表示器件的电极数目		在日本注册标志		用字母表示器件材料和类型		在日本的登记号
符号	意义	符号	意义	符号	意义	
1	二极管	S	已在日本电子工业协会(JEIA)注册登记半导体器件	A	PNP 高频管	多位数字
2	三极管			B	PNP 低频管	
				C	NPN 高频管	
				D	NPN 低频管	
				J	P 沟道场效应管	
				K	N 沟道场效应管	

表 2.14　国际电子联合会（主要在欧洲）半导体器件型号命名法

第一部分		第二部分		第三部分		第四部分	
用字母表示器件的材料		用字母表示器件的类型和主要特征		用数字或字母加数字表示登记号		用字母对同一型号分档	
符号	意义	符号	意义	符号	意义	符号	意义
A	锗材料	A	检波、开关、混频二极管	三位数字	代表通用半导体的登记号	A	表示同一型号半导体器件按某一参数进行分档的标志
B	硅材料	B	变容二极管			B	
C	砷化镓	C	低频小功率三极管			C	
		D	低频大功率三极管			D	
		F	高频小功率三极管	一个字母加二位数字	代表专用半导体器件的登记号	E	
		L	高频大功率三极管				
		P	光敏器件				
		Q	发光器件				
		S	小功率开关管				
		T	大功率晶闸管				
		U	大功率开关管				
		Y	整流二极管				
		Z	稳压二极管				

表 2.15　美国电子工业协会半导体器件型号命名法

第一部分		第二部分		第三部分		第四部分		第五部分	
用符号表示器件用途的类型		用数字表示PN结的个数		美国电子工业协会(EIA)注册标志		EIA登记序号		用字母表示器件分档	
符号	意义	符号	意义	符号	意义	符号	意义	符号	意义
JAN（无）	军品级非军用品级	1 2 3	二极管 三极管 三个PN结器件	N	已在(EIA)注册	多位数字	在(EIA)登记的顺序号	A B C D	同一型号的不同档别

例如，中国生产的半导体器件：

ⅰ. 3DG6 表示 NPN 型高频小功率管；

ⅱ. 2AP9 表示 N 型普通锗二极管。

2.4.1.2　半导体分立器件的分类

半导体分立器件种类很多，分类方式有多种。按半导体材料可分为硅管和锗管；按极性可分为 N 型与 P 型，PNP 型与 NPN 型；按结构及制造工艺可分为扩散型、合金型与平面型；按电流容量可分为小功率管、中功率管与大功率管；按工作频率可分为低频管、高频管与超高频管；按封装结构可分为金属封装、塑料封装、玻璃钢壳封装、表面封装与陶瓷封装；按功能和用途可分为低噪声放大晶体管、中高频放大晶体管、低频放大晶体管、开关晶体管、达林顿晶体管、带阻尼晶体管、微波晶体管、光敏晶体管与磁敏晶体管等多种类型。

2.4.2　常用半导体器件

2.4.2.1　半导体二极管

半导体二极管也称晶体二极管（简称二极管），它是由一个 PN 结加上电极引线和密封壳做成的器件。二极管具有单向导电性、反向击穿特性、电容效应、光电效应等特性。它在电路中可以起到整流、开关、检波、稳压、钳位、光电转换和电光转换等作用。

（1）半导体二极管的分类

按材料分，有锗材料二极管、硅材料二极管；按用途分，有整流二极管、开关二极管、检波二极管、稳压二极管、发光二极管、光敏二极管、变容二极管、硅堆（很多硅二极管串联）等。

（2）半导体二极管的符号

常用二极管的外形与图形符号如图 2.13 所示。

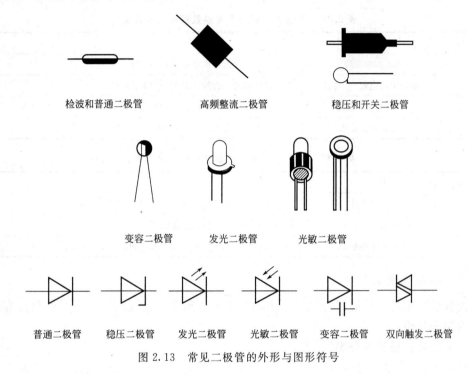

图 2.13　常见二极管的外形与图形符号

（3）半导体二极管的极性判别

判断二极管的极性，可以用目测，也可以用万用表测量。

① 目测法　普通二极管上标有一圈的端子是二极管的阴极（负极）；发光二极管端子长的那个端子是发光二极管的阳极（正极）。

② 用指针万用表测量二极管　通常小功率锗二极管的正向电阻值为 $300\sim500\Omega$，硅二极管的正向电阻值约为 $1k\Omega$ 或更大。锗二极管的反向电阻值为几十千欧，硅二极管的反向电阻值应在 $500k\Omega$ 以上（大功率二极管的数值要小得多）。正反向电阻差值越大越好。

根据二极管的正反向电阻的不同就可以判断二极管的极性。将指针万用表打到 $R\times100$ 或 $R\times1k\Omega$ 挡，用表笔分别与二极管的两级相连，测出两个阻值，测得阻值较小的一次，与黑表笔相连的一端是二极管的正极。如果测得反向电阻很小，说明二极管内部短路；如果测得正向电阻很大，则说明管子内部开路。

测量发光二极管时，万用表置于 $R\times1k\Omega$ 或 $R\times10k\Omega$ 挡，其正向电阻值小于 $50k\Omega$，反向电阻值大于 $200k\Omega$。

③ 用数字万用表测量二极管　将数字万用表打到"二极管"挡，用表笔分别与二极管的两极相连，测出两个电压降值，测得电压降值为 $0.5\sim0.7V$，与红表笔相连的一端是二极管的正极，与黑表笔相连的一端是二极管的负极；如果测得反向电压降值很大如"1"，则与

红表笔相连的一端是二极管的负极，与黑表笔相连的一端是二极管的正极；如果测得反向电压降值很小，说明二极管内部短路；如果测得正向电压降都很大，则说明管子内部开路。

测量发光二极管时，数字万用表置于"二极管"挡，其正向电压降值可达 1V 以上，反向压降值为无穷大"1"。

（4）半导体二极管的主要参数

半导体二极管的主要参数符号及其意义见表 2.16 和表 2.17 所示。

表 2.16　普通二极管的主要参数符号及其意义

符　号	名　　称	意　　义
V_F	正向电压降	二极管通过额定正向电流时的电压降
I_F	额定正向电流(平均值)	允许连续通过二极管的最大平均工作电流
I_R	反向饱和电流	在二极管反偏时，流过二极管的电流
U_{RM}	最高反向工作电压	二极管反向工作的最高电压，它一般等于击穿电压的 2/3

表 2.17　稳压二极管的主要参数符号及其意义

符　号	名　　称	意　　义
V_Z	稳定电压	当稳压管流过规定电流时，管子两端产生的电压降
I_{Fmax}	最大工作电流	稳压管允许流过的最大工作电流
I_{Fmin}	最小工作电流	为了确保稳定电压稳压管必须流过的最小工作电流

2.4.2.2　半导体三极管

三极管是应用最广泛的器件之一，由两个 PN 结和 3 个电极组成，它对电信号有放大、开关和倒相等作用。

（1）半导体三极管的分类

按导电类型分：有 NPN 型和 PNP 型三极管；按频率分：有高频三极管和低频三极管；按功率分：有小功率、中功率、大功率三极管；按电性能分：有开关三极管、高反压三极管、低噪声三极管等。三极管的符号、外形、对应的端子如图 2.14 所示。

（2）半导体三极管端子的判别

① 目测法　目测三极管确定其端子，不同封装形式三极管的端子如图 2.14 所示。

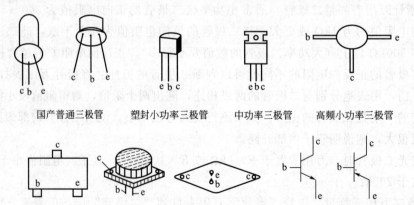

国产普通三极管	塑封小功率三极管	中功率三极管	高频小功率三极管

片状三极管	低频大功率三极管	三极管电路符号

图 2.14　常见晶体三极管外形及电路符号

② 表测法　用万用表测量确定其端子。依据是：NPN 型三极管基极到发射极和集电极均为 PN 结的正向，而 PNP 型三极管基极到发射极和集电极均为 PN 结的反向。用指针万用表判断的方法如下。

ⅰ. 判别三极管的基极。对于功率在 1W 以下的中小功率管，可用万用表的 $R×1k$ 或 $R×100$ 挡测量，对于功率在 1W 以上的大功率管，可用万用表的 $R×1$ 或 $R×10$ 挡测量。

用黑表笔接触某一端子，红表笔分别接触另两个端子，若表头读数很小，则与黑表笔接触的端子是基极，同时可知道此三极管为 NPN 型。若用红表笔接触某一端子，而黑表笔分别接触另两个端子，表头读数同样都很小的，则与红表笔接触的端子是基极，同时可知道此三极管为 PNP 型。用上述方法既判定了三极管的基极，又判定了三极管的类型。

ⅱ. 判别三极管的发射极和集电极。以 PNP 型三极管为例，确定基极后，假定其余的两个端子中的一个是集电极，将黑表笔接触到此端子上，红表笔接触到假定的发射极上。用手指把假定的集电极和已测出的基极捏起来（但不要将两个极相碰），看万用表指示值，并记录此阻值的读数，比较两次读数的大小，若前者阻值小，说明前者的假设是对的。那么接触黑表笔的端子就是集电极，另一个端子是发射极。

若需判别的是 PNP 型三极管，仍用上述方法，只不过要把表笔极性对调一下。

（3）半导体三极管的主要参数

半导体三极管的主要参数符号及意义如表 2.18 所示。

表 2.18　半导体三极管的主要参数符号及意义

符　号	意　义
I_{CBO}	发射极开路，集电极与基极间的反向电流
I_{CEO}	基极开路，集电极与发射极间的电流（即穿透电流），一般 $I_{CEO}=(1+\beta)I_{CBO}$
V_{CES}	在共发射极电路中，三极管处于饱和状态时，C、E 之间的电压降
β	共发射极电流放大系数
f_T	特征频率。当三极管共发射极运用时，随着频率的增大，电流放大系数 β 下降为 1 时所对应的频率，它表征三极管具备电流放大能力的极限频率
V_{CBO}	发射极开路时集电极-基极之间的击穿电压
V_{CEO}	基极开路时集电极-发射极之间的击穿电压
I_{CM}	集电极最大允许电流，它是 β 值下降到最大值的 1/2 或 2/3 时的集电极电流
P_{CM}	集电极最大耗散功率，它是集电极允许耗散功率的最大值

2.4.2.3　场效应管

场效应管是指半导体材料的导电能力随电场改变而变化的现象。

场效应管（FET）是当晶体管加上一个变化的输入信号时，信号电压的改变使加在器件上的电场改变，从而改变器件的导电能力，使器件的输出电流随电场改变而变化。与半导体三极管不同的是，它是电压控制器件，而半导体三极管是电流控制器件。

场效应管具有的特点是：

ⅰ. 输入阻抗高，在电路上便于直接耦合；

ⅱ. 结构简单、便于设计、容易实现大规模集成；

ⅲ. 温度性能好、噪声系数低；

ⅳ. 开关速度快、截止频率高；

ⅴ. I、V 成平方律关系,是良好的线性器件,但放大倍数较低。

(1) 场效应管分类

① 结型场效应管（JFET）

ⅰ. N 沟道 JFET；

ⅱ. P 沟道 JFET。

② 金属-氧化物-半导体场效应管（MOSFET）

ⅰ. N 沟道增强型 MOSFET；ⅱ. P 沟道增强型 MOSFET；ⅲ. N 沟道耗尽型 MOS-FET；ⅳ. P 沟道耗尽型 MOSFET。

(2) 场效应管的符号

各种场效应管的图形符号如图 2.15 所示。

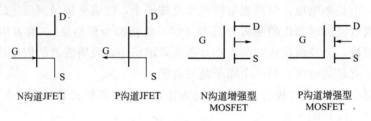

N沟道JFET　　　P沟道JFET　　　N沟道增强型　　　P沟道增强型
　　　　　　　　　　　　　　　　MOSFET　　　　　MOSFET

图 2.15　常用场效应管的图形符号

(3) 场效应管常用参数符号及意义

场效应管常用参数符号及意义如表 2.19 所示。

表 2.19　场效应管常用参数符号及意义

参数名称	符号	意　义
夹断电压	V_P	在规定的漏源电压下,使漏源电流下降达到规定值(即使沟道夹断)时的栅源电压 V_{GS}。此定义适用于耗尽型 MOSFET
开启电压(阈值电压)	V_T	在规定的漏源电压下,使漏源电流 I_{DS} 达到规定值(即发生反型层)时的栅源电压 V_{GS}。此定义适用于 JFET 增强型 MOSFET
饱和漏极电流	I_{DSS}	栅源短路($V_{GS}=0$)、漏源电压 V_{DS} 足够大时,漏源电流几乎不随漏源电压变化,所以对应漏源电流为饱和漏极电流,此定义适用于耗尽型场效应管
跨导	g_m	漏源电压一定时,栅源电压变化量与由此而引起的漏源电流变化量之比,它表征栅源电压对漏源电流的控制能力

2.4.2.4　晶闸管

晶闸管是晶体闸流管的简称,它实际上是一个硅可控整流器,基本结构是一块硅片上制作 4 个导电区,形成三个 PN 结,最外层的 P 区和 N 区引出两个电极,分别为阳极 A 和阴极 K,由中间的 P 区引出控制极 G。晶闸管因其导通压降小、功率大、易于控制、耐用,所以常用于各种整流电路、调压电路和大功率自动化控制电路上。在电路中的文字符号用"V(或 VTH)"表示。

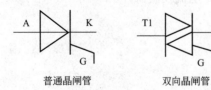

普通晶闸管　　　双向晶闸管

图 2.16　晶闸管的电路符号

晶闸管有单向和双向之分:单向晶闸管只能导通直流,且 G 极需加正向脉冲导通,若需要其截止则必须接地或加负脉冲;双向晶闸管可导通交流和直流,只要在 G 极加入相应的控制电压即可。

常见晶闸管的电路符号如图 2.16 所示。

晶闸管常用参数符号及意义如表 2.20 所示。

表 2.20 晶闸管常用参数符号及意义

参数名称	符号	意 义
正向平均电流	I_T	在规定条件下,晶闸管正常工作时,A,K(或 T1,T2)极间所允许通过电流的平均值
正向转折电压	U_{BO}	在额定结温为 100℃,门极 G 开路的条件下,阳极 A 于阴极 K 之间加正弦波正向电压,使其由关断状态转为导通状态所对应的峰值电压
正向阻断峰值电压	U_{FRM}	晶闸管在控制极开路及正向阻断条件下,可以重复加在晶闸管上的正向电压的峰值,使其为正向转折电压减法 100V 后的电压值
反向击穿电压	U_{VBR}	在额定结温下,晶闸管阳极与阴极之间施加正弦半波反向电压,当其反向漏电电流急剧增加时所对应的峰值电压
反向阻断峰值电压	U_{RRM}	在控制极断路和额定结温下,可以重复加在主器件上的反向电压峰值,其值为反击穿电压减去 100V 后的电压值
维持电流	I_H	维持晶闸管导通的最小电流
触发电压	U_{GT}	在一定条件下,使晶闸管导通所需要的最小门极电压
触发电流	I_{GT}	在一定条件下,使晶闸管导通所需要的最小门极电流

2.5 集成电路

集成电路是把晶体二极管、晶体三极管、电阻、电容等元器件,或者一个单元电路、功能电路制作在一个硅单晶片上,经封装后构成的。它有重量轻、耗电省、可靠性高、寿命长等优点。

集成电路实际上是半导体集成电路、膜集成电路、混合集成电路的总称。

2.5.1 集成电路的种类

集成电路的种类很多,在电路中都用"IC"两个字母表示,具体分类情况如图 2.17 所示。

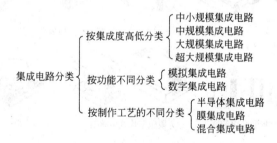

图 2.17 集成电路的分类

2.5.2 集成电路的外形封装和端子识别

2.5.2.1 外形封装

集成电路的外形封装形式有多种,最常见的有圆形金属封装、扁平形陶瓷或塑料封装、双列直插式封装等。它们的外形如图 2.18 所示。其中双列直插式、单列直插式封装的较为多见,它们的端子有 8 个、10 个、12 个、14 个、16 个、24 个等多种,多者可达 60 余个或更多。

2.5.2.2 端子的识别

集成电路的端子较多,正确识别排列顺序是很重要的,否则将造成使用上的失误,轻者电路不能正常工作,重者将损坏集成电路端子的具体识别方法如表 2.21 所示。

| 双列直插式封装 | 单列直插式封装 | TO-5型封装 | F型封装 | 陶瓷扁平封装 |

图 2.18　集成电路的外形

表 2.21　集成电路端子的识别方法

类　型	端子识别方法
圆筒形封装集成电路菱形金属封装集成电路	让端子对着自己，由靠近定位标记端子开始，顺时针方向依次为①、②、③、…、n 脚。该类集成电路的定位标记为圆孔、凸耳或端子排列的空位等
单列直插式集成电路	定位标记有缺角、小孔、色点、凹坑、线条、色带等。识别时，让定位标记对着自己，从定位标记一侧的第一只端子数起，依次为①、②、③、…、n 脚
双列直插式集成电路	定位识别标记有色点、半圆缺口、凹坑等。识别时将集成电路水平放置，端子向下，识别标记对着自己身体的一边，从有识别标记一边的第一个端子开始按逆时针方向，依次为①、②、③、…、n 脚

2.6　表面安装元器件

表面安装元器件是无引线或短引线元器件，常把它分为无源器件（SMC）和有源器件（SMD）两大类。

2.6.1　无源器件（SMC）

表面安装无源器件 SMC 包括片式电阻器、片式电容器和片式电感器等，常见实物外形如图 2.19 所示。

| 矩形片式电阻器 | 片式电位器 | 圆柱形贴装电阻器 | 矩形片式电容器 | 片式钽电解电容器 |

圆柱形贴装电容器　　　模压型片式电感器　　　片式电感器

图 2.19　常见 SMC 实物外形图

2.6.1.1　表面安装电阻器

（1）矩形片式电阻器

由于制造工艺不同有厚膜型（RN 型）和薄膜型（RK 型）两种类型。

厚膜型（RN 型）电阻器是在扁平的高纯度三氧化二铝（Al_2O_3）基板上印一层二氧化钌基浆料，烧结后经光刻而成。

薄膜型（RK 型）电阻器是在基体上喷射一层镍铬合金而成，精度高、电阻温度系数小、稳定性好，但阻值范围比较窄，适用于精密和高频领域，在电路中应用得最广泛的。

① 常见外形尺寸　片式电阻、电容常以它们外形尺寸的长宽命名，以标志它们的大小，以 in（in＝25.4×10^{-3}mm）及 SI 制（mm）为单位。如外形尺寸为 0.12in×0.06in，记为 1206；SI 制记为 3.2mm×1.6mm。片式电阻器外形尺寸见表 2.22 所示。

表 2.22 片式电阻器外形尺寸

尺寸号	长 L/mm	宽 W/mm	高 H/mm	端头宽度 T/mm
RC0201	0.6±0.03	0.3±0.03	0.3±0.03	0.15～0.18
RC0402	1.0±0.03	0.5±0.03	0.3±0.03	0.3±0.03
RC0603	1.56±0.03	0.8±0.03	0.4±0.03	0.3±0.03
RC0805	1.8～2.2	1.0～1.4	0.3～0.7	0.3～0.6
RC1206	3.0～3.4	1.4～1.8	0.4～0.7	0.4～0.7
RC1210	3.0～3.4	2.3～2.7	0.4～0.7	0.4～0.7

② 片式电阻器的精度 根据 IEC3 标准"电阻器和电容器的优选值及公差"的规定,电阻值允许偏差为±10%,称为 E12 系列;电阻值允许偏差为±5%,称为 E24 系列;电阻值允许偏差为±1%,称为 E96 系列。

③ 片式电阻器的功率 功率大小与外形尺寸对应关系如表 2.23 所示。

表 2.23 片式电阻器的功率

型 号	0805	1206	1210
功率/W	1/16	1/8	1/4

(2) 圆柱形贴装电阻器

也称金属电极无端子端面元件(MELF),主要有碳膜 ERD 型、高性能金属膜 ERO 型及跨接用的 0Ω 型电阻三种。

它与片式电阻相比,具有无方向性和正反面性、包装使用方便、装配密度高、较高的抗弯能力、噪声电平和三次谐波失真都比较低等许多特点,常用于高档音响电器产品中。

① 圆柱形贴装电阻器的结构 它在高铝陶瓷基体上覆上金属膜或碳膜,两端压上金属电极,采用刻螺纹槽的方法调整电阻值,表面涂上耐热漆密封,最后根据电阻值涂上色码标志。

② 圆柱形贴装电阻器的性能指标 圆柱形贴装电阻器的主要技术特征和额定值如表 2.24 所示。

表 2.24 圆柱形贴装电阻器的主要技术特征和额定值

项目 \ 型号	碳 膜			金 属 膜		
	ERD-21TL	ERD-10TLO	ERD-25TL	ERO-21L	ERO-10L	ERO-25L
使用环境温度/℃	−55～+155			−55～+150		
额定功率/W	0.125	最高额定电流 2A	0.25	0.125	0.125	0.25
最高使用电压/V	150		300	150	150	150
最高过载电压/V	200		600	200	300	500
标称阻值范围/Ω	1～1M		1～2.2M	100～200k	21～301k	1～1M
阻值允许偏差/%	(J±5)	≤50mΩ	(J±5)	(F±1)	(F±1)	(F±1)
电阻温度系数/(10^{-6}/℃)	−1300/350		−1300/350	±10	±100	±100
质量/(g/1000 个)	10	17	66	10	17	66

(3) 片式电位器

片式电位器包括片状、圆柱状、扁平矩形状结构等各类电位器,它在电路中起调节电压和电阻的作用,故分别称之为分压式电位器和可变电位器。

① 片式电位器的结构 具有四种不同的外形结构,分别为敞开式、防尘式、微调式和全密封式。

② 片式电位器的外形尺寸 片式电位器型号有 3 型、4 型和 6 型,其外形尺寸如表 2.25 所示。

表 2.25　片式电位器的外形尺寸

型号	尺寸(长×宽×高)/mm×mm×mm		型号	尺寸(长×宽×高)/mm×mm×mm	
3 型	3×3.2×2	3×3×1.6	4 型	4.5×5×2.5	4×4.5×2.2
6 型	6×6×4	ϕ6×4.5		3.8×4.5×2.4	4×4.5×1.8
				4×5×2	4×4.5×2

2.6.1.2　表面安装电容器

（1）多层片状瓷介电容器（MLC）

在实际应用中的 MLC 大约占 80%，通常是无引线矩形三层结构。由于电容的端电极、金属电极、介质三者的热膨胀系数不同，因此在焊接过程中升温速率不能过快，否则易造成片式电容的损坏。

① 多层片状瓷介电容器的性能　根据用途分为 I 类陶瓷和 II 类陶瓷两种。

I 类是温度补偿型电容器，其特点是低损耗、电容量稳定性高，适用于谐振回路、耦合回路和需要补偿温度效应的电路。

II 类是高介电常数类电容器，其特点是体积小、容量大，适用于旁路、滤波或在对损耗、容量稳定性要求不高的鉴频电路中。

② 多层片状瓷介电容器的外形尺寸　片状电容器的外形尺寸如表 2.26 所示。

表 2.26　片状电容器的外形尺寸

电容型号	尺　　寸			
	长 L/mm	宽 W/mm	高 H_{max}/mm	端头宽度 T/mm
CC0805	1.8～2.2	1.0～1.4	1.3	0.3～0.6
CC1206	3.0～3.4	1.4～1.8	1.5	0.4～0.7
CC1210	3.0～3.4	2.3～2.7	1.7	0.4～0.7
CC1812	4.2～4.8	3.0～3.4	1.7	0.4～0.7
CC1825	4.2～4.8	6.0～6.8	1.7	0.4～0.7

（2）片式钽电解电容器

容量一般在 0.1～470uF 范围，外形多呈矩形。由于其电解质响应速度快，因此在需要高速运算处理的大规模集成电路中应用广泛，有裸片型、模塑型和端帽型三种。其极性的标注方法是：在基体的一端用深色标志线作正极。

（3）片式电解电容器

容量一般在 0.1～220μF 范围，主要应用于各种消费电子类产品中，价格低廉。按外形和封装材料的不同可分为矩形铝电解电容器和圆柱形电解电容器两类。在基体上同样用深色标志线作负极来标注其极性，容量及耐压也在基体上加以标注。

2.6.1.3　表面安装电感器

片式电感器的种类较多，按形状可分为矩形和圆柱形；按磁路可分为开路型和闭路型；按电感量可分为固定型和可调型；按结构的制造工艺可分为绕线型、多层型和卷绕型，同插装式电感器一样，在电路中起扼流、退耦、滤波、调谐、延迟、补偿等作用。

（1）片式电感器的性能

绕线型电感器的电感量范围宽、Q 值高、工艺简单，因此在片式电感器中使用最多，但体积大、耐热性较差。

（2）片式电感器的外形尺寸

绕线型片式电感器的品种很多，尺寸各异。国外某些公司生产的线绕型片式电感器的型号、外形尺寸及主要的性能参数如表 2.27 所示。

表 2.27 片式电感器外形尺寸型号及主要性能

厂家	型号	尺寸(长×宽×高)/mm×mm×mm	$L/\mu H$	Q	磁路结构
TOKO	43CSCROL	4.5×3.5×3.0	1～410	50	*
Murata	LQNSN	5.0×4.0×3.15	10～330	50	*
TDK	NL322522	3.2×2.5×2.2	0.12～100	20～30	开磁路
	NL453232	4.5×3.2×3.2	1.0～100	30～50	开磁路
	NFL453232	4.5×3.2×3.2	1.0～1000	30～50	闭磁路
Siemens	*	4.8×4.0×3.5	0.1～470	50	闭磁路
Coiecraft	*	2.5×2.0×1.9	0.1～1	30～50	闭磁路
Pieonics	*	4.0×3.2×3.2	0.01～1000	20～50	闭磁路

2.6.2 有源器件（SMD）

2.6.2.1 表面安装二极管

常用的封装形式有圆柱形、矩形薄片形和 SOT-23 型等三种，如表 2.28 所示。

表 2.28 表面安装二极管

名　称	实　物　图	结构及特性
圆柱形无端子二极管		其封装结构是将二极管芯片装在具有内部电极的细玻璃管中，玻璃管两端装上金属帽作正负电极。通常用于齐纳二极管、高速二极管和通用二极管，采用塑料编带包装
矩形薄片二极管		通常为塑料封装，可用在 VHF 频段到 S 频段，采用塑料编带包装
SOT-23 型封装片状二极管		多用于封装复合型二极管，也用于速开二极管和高压二极管

2.6.2.2 表面安装三极管

表面安装三极管常用的封装形式有 SOT-23 型、SOT-89 型、SOT-143 型和 TO-252 型等四种如表 2.29 所示。

表 2.29 表面安装三极管

名　称	实　物　图	结构及特性
SOT-23 型贴片三极管		有三条"翼形"端子，在大气中的功耗为 150mW，在陶瓷基板上的功耗为 300mW。常见的有小功率晶体管、场效应晶体管和带电阻网络的复合晶体管
SOT-89 型贴片三极管		具有三条薄的短端子，分布在晶体管的一端，晶体管芯片粘贴在较大的钢片上，以增加散热能力。在大气中的功耗为 500mW，在陶瓷板上的功耗为 1W。这类封装常见于硅功率表面安装晶体管
SOT-143 型贴片三极管		有 4 条"翼形"短端子，端子中宽大一点的是集电极。这类封装常见于高频晶体管与双栅场效应晶体管
SOT-252 型贴片三极管		功耗在 2～5W 之间，各功率晶体管都可以采用这种封装

2.6.2.3　表面安装集成电路

表面安装集成电路常用的封装形式有 SOP 型、PLCC 型、QFP 型、BGA 型等几种，如表 2.30 所示。

表 2.30　常用的几种表面安装集成电路

名　称	结　构	特　性	用　途
小外形封装（SOP 型）	端子分布在器件的两边，其端子数目在 28 个以下。具有两种不同的双脚形式：一种具有"翼形"端子，另一种具有"J"型端子	容易生产、测试方便，但占用 PCB 板的面积大	常见于线性电路、逻辑电路、随机存储器
塑封有引线芯片载体封装（PLCC 型）	当端子数超过 40 只时便采用此类封装，也采用"J"型结构。每种 PLCC 表面都有标记定位点，以供贴片时判断定方向	比较省 PCB 板的面积，但检测比较困难	常见于逻辑电路、微处理器阵列、标准单元
四方扁平封装（QFP 型）	是一种塑封多端子器件，四周有"翼形"端子，其外形有方形和矩形两种	比较省 PCB 板的面积，但检测比较困难	多用于高频电路、中频电路、音频电路、微处理器、电源电路等
球栅阵列封装（BGA 型）	其端子成球形阵列分布在封装的底面，因此它可以有较多的端子数量且端间距较大	端子更短、组装密度更高，则电气性能更优越。但焊后检查和维修比较困难、易吸湿	多用于大规模集成电路，如 CPU 等

2.7　其他电路元器件

2.7.1　电声器件

电声器件是一种电、声换能器，常见的电声器件有传声器、扬声器、耳塞、蜂鸣器等。

传声器是一种将声音信号转变为相应电信号的换能器，又称话筒、送话器等，常见的传声器有动圈话筒、驻极体话筒和压电陶瓷片等。

扬声器是一种利用电磁感应、静电感应、压电效应等，将电信号转变为相应声音信号的换能器，俗称喇叭、受话器，常见的扬声器有气动式、压电式、电磁式和电动式等几种。

2.7.1.1　传声器

传声器又称话筒，是一种将声音转变为电信号的声电器件。传声器种类很多，有动圈式、电容式、晶体式、铝带式、炭粒式传声器等，在电路中的图形符号也各不相同，传声器的图形符号如图 2.20 所示。

（1）动圈式传声器

动圈式传声器又称电动式传声器，是由永久磁铁、音膜、音圈、输出变压器等构成的。

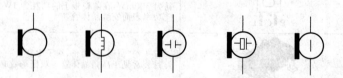

一般符号　　动圈式传声器　　电容式传声器　　晶体式传声器　　铝带式传声器

图 2.20　传声器图形符号

其结构图如图 2.21 所示。音圈位于磁场空隙中，当人对着传声器讲话时，音膜受声波的作用而振动，音圈在音膜的带动下便做切割磁力线的运动，根据电磁感应原理，音圈两端便感应出音频电压。又由于音圈的匝数很少，因此阻抗很低，变压器的作用就是变换传声器的输出阻抗，以便与扩音设备的输入阻抗相匹配。其优点是坚固耐用、价格低廉。

（2）电容式传声器

电容式传声器是一种靠电容量的变化而引起声转换作用的传声器，其结构如图 2.22 所示。这是由一金属振动膜和一固定电极构成介质为空气的电容器。其距离仅为 0.03mm 左右。使用时在两金属片间接有 200～250V 的直流电压，并串联一高阻值电阻。平时电容器呈充电状态，当声波作用于振动膜片上时，使其电容量随音频而变化，因而在电路中的充放电电流也随音频变化，其电流流过电阻器，便产生音频电压信号输出。

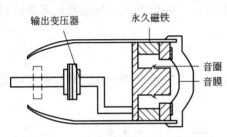

图 2.21 动圈式传声器的结构图

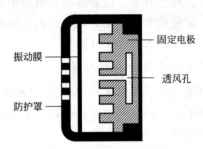

图 2.22 电容式传声器结构图

电容式传声器的灵敏度高、频率特性好、音质失真小，因此多用于高质量广播、录音和舞台扩音。但其制造较复杂、成本高，且使用时放大器须供给电源，因此给使用带来了麻烦。

另外，驻极式传声器也是电容式传声器的一种，因其体积小、结构简单、价格低廉，有着广泛的应用。如用作收录机内咪头或声光控自动开关的话筒。

2.7.1.2 扬声器

扬声器是把音频电信号转变成声能的器件。按电声换能方式的不同，分为电动式、电磁式、气动式。按结构不同分为号筒式、纸盆式、球顶式等，常见扬声器如图 2.23 所示。

电动式纸盆扬声器　　高频筒式扬声器　　普通号筒式扬声器　　耳机

图 2.23 常见扬声器外形图

（1）气动式扬声器

气动式扬声器的频响单一，结构简单，在某些汽车或船舶上使用这种扬声器。

（2）压电式扬声器

压电式扬声器也称为蜂鸣器，它是由两块圆形金属片及之间的压电陶瓷片构成。当压电陶瓷片两边有声音时，两片金属片在压电陶瓷作用下，会产生音频电压。反过来，当在两片金属片之间加入音频电压时，压电陶瓷片又能发出声音。由于压电陶瓷片体积小，且频响较窄，偏向高频，作传声器使用时常用于各种声控电路，作扬声器使用时常用于电话、门铃、报警器电路中的发生器件，也有用作录音机工作高频扬声器的。

（3）电磁式扬声器

电磁式扬声器由于其频响较窄，现在的使用率很低。

（4）电动式扬声器

电动式扬声器是由磁路系统和振动系统组成的。其中磁路系统由环形磁铁、软铁芯柱和导磁板组成；振动系统由纸盆、音圈、音圈支架组成。其工作原理是，由音圈与纸盆相连，纸盆在音圈的带动下产生振动而发出声音。

电动式扬声器的最大特点是频响效果好、音质柔和、低音丰富，所以应用最为广泛。

2.7.2 开关

开关在各种电子设备及家用电器中都要用到，是用来接通和断开电路的元件。开关种类很多，常见的有：连动式组合开关、扳手开关、按钮开关、琴键开关、导电橡胶开关、轻触开关、薄膜开关和电子开关等。

2.7.2.1 开关的电路符号

开关在电路中用字母"S"或"SA"、"SB"表示。在有些电路图中用"K"表示，是旧标准表示法。开关的电路符号如图 2.24 所示。

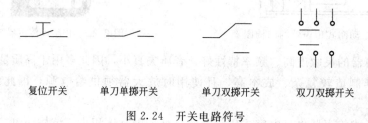

复位开关　　单刀单掷开关　　　单刀双掷开关　　双刀双掷开关

图 2.24　开关电路符号

2.7.2.2 几种常见开关

（1）连动式组合开关

连动式组合开关是指由多个开关组合而成且只有连动作用的开关组合。根据其在电路中的作用分成多种开关，如波段开关、功能开关、录放开关等。开关调节方式有旋转式、拨动式和按键式。每一种开关根据"刀"和"掷"的数量又可分成多种规格。

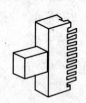

(a) 波段开关　　　(b) 扳手开关

图 2.25　开关外形

在每个开关结构中，可以直接移动（或间接移动）的导体称为"刀"，固定的导体称为"掷"。组合开关内有"多少把刀"是指它由多少个开关组合而成。一个开关有多少个状态即有多少"掷"。图 2.25(a) 所示为四刀双掷的拨动式波段开关。组合开关有单列和双列两种结构。

（2）扳手开关

扳手开关又称钮子开关，常见的有双刀双掷和单刀双掷两种，也称作 2×2 和 1×2 开关，如图 2.25（b）所示，多用作小功率电源开关。

（3）琴键开关

琴键开关有自锁自复位型、互锁复位型和自锁共复位型结构，常用在收音机、风扇、洗衣机等家电的电路中作功能、挡次转换开关。

（4）按钮开关

按钮开关分带自锁和不带自锁两种。带自锁的开关每按一次转换一个状态，常在各种家电中作电源开关用。不带自锁的开关即复位开关，每按一次只给两个触点作瞬间短路，像门铃开关。

（5）导电橡胶开关

导电橡胶开关也是复位开关的一种，它具有轻触、耐用、体积小、结构简单等特点，因其功率小，常在计算器、遥控器等数字控制电路中作功能按键用。开关的触点处有一块黑色橡胶即为导电橡胶，测其阻值一般在几十欧姆到数百欧姆之间。当大于 $5k\Omega$ 时就会出现按键接触不良或失效等现象。

（6）轻触开关

轻触开关也属于复位开关的一种，具有导通电阻小、轻触耐用、手感好，在电视机、音响等家电中做功能转换或调节使用。

（7）薄膜开关

薄膜开关是一种较为新型的开关，具有体积小、美观耐用、防水、防潮等优点。有平面和凸面两种。常用在全自动洗衣机、数控型微波炉和电饭煲等家电产品中作功能转换或调节使用。

（8）电子开关

电子开关又称模拟开关，是由一些电子元件组成的，常用集成块形式封装，如 CD4066 为四个双向模拟开关。这种开关体积小、易于控制、无触点干扰，常在电视或音响中作信号切换的开关使用。

2.7.3　继电器

继电器是自动控制电路中常用的一种元件，它是用较小的电流来控制较大电流的一种自动开关，在电路中起着自动操作、自动调节、安全保护等作用。

（1）继电器的电路符号

继电器的电路符号如图 2.26 所示。

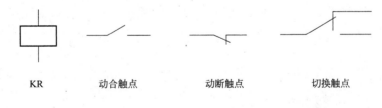

KR　　　　动合触点　　　　动断触点　　　　切换触点

图 2.26　继电器的电路符号

（2）继电器的分类

继电器种类很多，通常分为直流继电器、交流继电器、舌簧继电器、时间继电器及固体继电器等。

① 直流继电器线圈必须加入规定方向的直流电流，才能控制继电器吸合。

② 交流继电器线圈可以加入交流电流来控制其吸合。

③ 舌簧继电器最大特点是触点的吸合或释放速度快、灵敏，常用于自动控制设备中动作灵敏、快速的执行元件。

④ 时间继电器与舌簧继电器恰好相反，触点吸合与释放具有延时功能，广泛应用于自动控制及延时电路中。通常按工作原理又分为空气式和电子式延时继电器几种。

⑤ 固体继电器又叫固态继电器，是无触点开关器件，与电磁继电器的功能是一样的，并且还有体积小、功耗小、快速、灵敏、耐用、无触点干扰等优点，但其受控端单一，只能作一个单刀单掷开关使用。固体继电器常见的应用电路有如下三种。

ⅰ．耦合电路。常见的有光耦合器耦合电路、变压器耦合电路等。

ⅱ．触发电路。把控制信号放大后驱动触发器件（如双向触发二极管），触发晶闸管G 极。

ⅲ．开关电路。主要由双向晶闸管构成。

第3章 焊接工艺

任何电子产品，从几个零件构成的整流器到成千上万个零部件构成的计算机系统，基本上都是由电子元件和器件按电路工作原理，用一定的工艺方法连接而成的。虽然连接方法有多种（例如焊接、铆接、绕接、压接、粘接等），但使用最广泛的方法还是焊接。这主要是为了避免连接处松动和露在空气中的金属表面产生氧化层导致导电性能不稳定，通常采用焊接工艺来处理金属导体的连接。

3.1 焊接基础知识

焊接是使金属连接的一种方法。它利用加热手段，在两种金属的接触面，通过焊接材料的原子或分子的相互扩散作用，使两种金属间形成一种永久的牢固结合。利用焊接的方法进行连接而形成的接点叫焊点。

3.1.1 焊接的分类

焊接通常分为熔焊、钎焊和接触焊3大类。

（1）熔焊

熔焊是一种利用加热被焊件，使其熔化产生合金而焊接在一起的焊接技术。如气焊、电弧焊、超声波焊等。

（2）接触焊

接触焊是一种不用焊料与焊剂就可获得可靠连接的焊接技术，如点焊、碰焊等。

（3）钎焊

用加热熔化成液态的金属把固体金属连接在一起的方法称为钎焊。在钎焊中，起连接作用的金属材料称为焊料。焊料的熔点必须低于焊接金属的熔点。钎焊按焊料熔点的不同，分为硬钎焊和软钎焊。焊料的熔点高于450℃的称为硬钎焊，焊料的熔点低于450℃的称为软钎焊。电子元器件的焊接称为锡焊，锡焊属于软钎焊，它的焊料是铅锡合金，熔点比较低，如共晶焊锡的熔点为183℃，所以在电子元器件的焊接工艺中得到广泛应用。

3.1.2 焊接的方法

随着焊接技术的不断发展，焊接方法也在手工焊接的基础上出现了自动焊接技术，即机器焊接，同时无锡焊接也开始在电子产品装配中采用。

（1）手工焊接

手工焊接是采用手工操作的传统焊接方法，根据焊接前接点的连接方式不同，手工焊接的方法分为绕焊、钩焊、搭焊、插焊等不同的方式。

（2）机械焊接

机械焊接根据工艺方法的不同，可分浸焊、波峰焊和再流焊。

3.1.3 锡焊机理

锡焊的机理可以用浸润、扩散和界面层的结晶与凝固三个过程来表述。

（1）浸润

加热后呈熔融状态的焊料（锡铅合金）沿着工件金属的凹凸表面，靠毛细管的作用扩展。如果焊料和工件金属表面足够清洁，焊料原子与工件金属原子就可以接近到能够相互结合的距离，即接近到原子引力相互作用的距离，上述过程为焊料的浸润。

（2）扩散

由于金属原子在晶格点阵中呈热振动状态，因此在温度升高时，它会从一个晶格点阵自动转移到其他晶格点阵，这个现象称为扩散。锡焊时，焊料和工件金属表面的温度较高，焊料与工件金属表面的原子相互扩散，在两者界面形成新的合金。

（3）界面层的结晶与凝固

焊接后焊点降温到室温，在焊接处形成焊料层，合金层和工件金属表面层组成的结合结构。在焊料和工件金属截面上形成合金层，称"界面层"。冷却时，界面层首先以适当的合金状态开始凝固，形成金属结晶，而后结晶向未凝固的焊料生长。

3.2 焊接工具与材料

焊接材料包括焊料（焊锡）和焊剂（助焊剂与阻焊剂），焊接工具在手工焊接时是电烙铁，它们在电子产品的手工组装过程中是必不可少的。下面对焊接材料的种类、特点、要求及用途等作简要的介绍。

3.2.1 焊接工具

3.2.1.1 电烙铁

电烙铁是手工施焊的主要工具。选择合适的烙铁，并合理的使用它，是保证焊接质量的基础。由于用途结构的不同，有各式各样的烙铁。按加热方式分为直热式、感应式、气体燃烧式等。按烙铁的功率分有20W、30W、…、300W等。按功能分有单用式、两用式、调温式等。

常用的电烙铁一般为直热式，直热式又分为外热式、内热式、恒温式三类。加热体即烙铁芯，是由镍铬电阻丝绕制而成的。加热体位于烙铁头外面的称为外热式，位于烙铁头内的称为内热式，恒温式电烙铁则通过内部的温度传感器及开关进行温度控制，实现恒温焊接，它们的工作原理相似，在接通电源后，加热体升温，烙铁头受热温度升高，达到工作温度后，可熔化锡进行焊接。内热式电烙铁比外热式电烙铁热的快，从开始加热达到焊接温度一般只需要3min左右，热效率高，可达到85％～95％或以上，而且具有体积小、重量轻、耗电量少、使用方便灵巧等优点，适用于小型电子元器件和印制板手工焊接。电子产品的手工焊接多采用内热式电烙铁。直热式电烙铁结构组成如图3.1所示。

（1）烙铁头的选择和修整

① 烙铁头的选择 为了保证可靠方便的焊接，必须合理选用烙铁头的形状与尺寸，图3.2所示为几种常用烙铁头的外形，其中，圆斜面式是市售烙铁头的一般形式，适用于在单

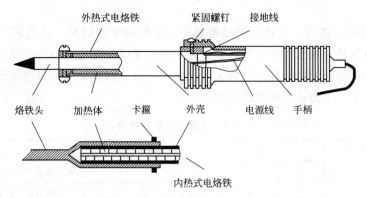

图 3.1　直热式电烙铁结构图

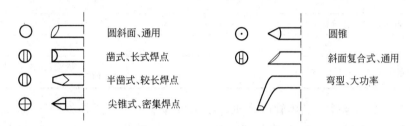

图 3.2　各种常用烙铁头外形

面板上焊接不太密集的焊点；凿式和半凿式多用于电器维修工作；尖锥式和圆锥式烙铁头适用于焊接高密度的焊点和小而怕热的元器件。当焊接对象变化大时，可选用适合于大多数情况的斜面复合式烙铁头。

　　选择烙铁头的依据是：应使其尖端接触面积小于焊接处的面积。烙铁头接触面过大，会使过量的热量传导给焊接的部位，损坏元器件及印制板。一般说来，烙铁头越长、越尖、温度越低，需要焊接的时间越长；反之，烙铁头越短、越粗、则温度越高，焊接的时间越短。

　　每个操作者可根据习惯选用烙铁头。有经验的电子装配工人手中都备有几个不同形状的烙铁头，以便根据焊接对象的变化和工作需要随机选用。

　　② 烙铁头的整修　烙铁头一般用紫铜制成，表面有镀层，如果不是特殊需要，一般不需要修挫打磨。因为镀层的作用就是保护烙铁头不被氧化生锈。但目前市售的烙铁头大多只是在紫铜表面镀一层锌合金。镀锌层虽然有一定的保护作用，但经过一段时间的使用过后，由于高温和助焊剂的作用，烙铁头被氧化，使用表面凹凸不平，这时就需要整修。

　　整修的方法一般是将烙铁头卸下来，根据焊接对象的形状及焊点的密度，确定烙铁头的形状和粗细。夹到台钳上用粗锉刀修整，然后用细锉刀修平，最后用细砂纸打磨抛光。修整后的烙铁头要马上镀锡，方法是将烙铁头装好后，在松香水中浸一下。然后接通电源，待烙铁热后，在木板上放些松香及一些焊锡，用烙铁头沾上锡，在松香中来回摩擦，直到整个烙铁头的修整面均匀的镀上一层焊锡为止。也可以在烙铁头沾上锡后，在湿布上反复摩擦。

　　注意：新烙铁或经过修整烙铁头后的电烙铁通电前，一定要先浸松香水，否则烙铁头表面会生成难以镀锡的氧化层。

　　(2) 电烙铁的选用

　　在进行科研、生产、仪器维修时，可根据不同的施焊对象选择不同的电烙铁。主要从烙铁的种类、功率及烙铁头的形状 3 个方面考虑，在有特殊要求时，选择具有特殊功能的电烙铁。

① 电烙铁的种类选择　电烙铁的种类繁多，应根据实际情况灵活选用。一般的焊接应首先选内热式电烙铁。对于大型元器件及直径较粗的导线应考虑选用功率较大的外热式电烙铁。对于要求工作时间长，被焊元器件又少，则应考虑选用长寿命的恒温电烙铁，如焊表面封装的元器件。表3.1为选择电烙铁的依据。

表3.1　选择电烙铁的依据

焊接对象及工作性质	烙铁头温度(室温、220V电压)/℃	选用烙铁
一般印制电路板、安装导线	300～400	20W 内热式、30W 外热式、恒温式
集成电路	350～400	20W 内热式、恒温式
焊片、电位器、2～8W 电阻、大电解电容、大功率管	350～450	35～50W 内热式、恒温式 50～75W 外热式
8W 以上大电阻、φ2mm 以上导线	400～550	100W 内热式、150～200W 外热式
汇流排、金属板等	500～630	300W 外热式
维修、调试一般电子产品	—	20W 内热式、恒温式、感应式、储能式、两用式

② 电烙铁功率的选择　晶体管收音机、收录机等采用小型元器件的普通印制电路板和IC电路板的焊接应选用20～25W内热式电烙铁或30W外热式电烙铁，这是因为小功率的电烙铁具有体积小、重量轻、发热快、便于操作、耗电省等优点。

对一些采用较大元器件的电路如电子管收音机、扩音器及机壳底板的焊接则应选用功率大一些的电烙铁，如50W以上的内热式电烙铁或75W以上的外热式电烙铁。

电烙铁的功率选择一定要合适，过大易烫坏晶体管或其他元件，过小易出现假焊或虚焊，直接影响焊接质量。

（3）电烙铁的正确使用

使用电烙铁前首先要核对电源电压是否与电烙铁的额定电压相符，注意用电安全，避免发生触电事故，电烙铁无论是第一次使用还是重新修整后再使用，使用前均须进行"上锡"处理。上锡后如果出现烙铁头挂锡太多而影响焊接质量，此时千万不能为了去除多余的锡而甩电烙铁或敲击电烙铁，因为这样可能将高温的焊锡甩入周围人的眼睛中或身体上造成伤害，也可能在甩电烙铁或敲击电烙铁时使烙铁芯的瓷管破裂、电阻丝断损或连接杆变形发生移位，使电烙铁外壳带电造成触电伤害。去除多余的焊锡或清除烙铁头上的残渣的正确方法是在湿布或湿海绵上擦拭。

电烙铁在使用中还应注意经常检查手柄上紧固螺钉及烙铁头的锁紧螺钉是否松动，若出现松动，易使电源线扭动、破损引起烙铁芯引线相碰，造成短路，电烙铁使用一段时间后，还应将烙铁头取出，清除氧化层，以避免发生日久烙铁头取不出的现象。

焊接操作时，电烙铁一般放在方便操作的右方烙铁架中，与焊接有关的工具应整齐有序的摆放在工作台上，养成文明生产的好习惯。

3.2.1.2　其他装配工具

（1）尖嘴钳

尖嘴钳头部较细，适用于夹持小型金属零件或弯曲元器件引线，以及电子装配时其他钳子较难涉及的部位，不宜过力夹持物体。

（2）平嘴钳

平嘴钳钳口平直，可用于夹弯元器件引线。因为钳口无纹路，所以对导线拉直、整形比尖嘴钳适用。但因钳口较薄，不易夹持螺母或需施力较大的部位。

（3）斜嘴钳

斜嘴钳用于减掉焊后的线头或元器件的管脚。也可与平嘴钳配合剥导线的绝缘皮。

（4）平头钳

平头钳头部较宽平，适用于螺母、紧固件的装配操作，但不能带替锤子敲打零件。

（5）剥线钳

剥线钳专门用于剥去绝缘皮的导线。使用时应注意将需剥皮的导线放入合适的槽口，剥皮时不能剪断导线。剪口的槽并拢后应为圆形。

（6）镊子

有尖嘴镊子和圆嘴镊子两种。尖嘴镊子用于夹持细小的导线，以便于装配焊接。圆嘴镊子用于弯曲元器件引线和夹持元器件焊接等，用镊子夹持元器件焊接时还能起到散热的作用。元器件拆件也需要镊子。

（7）螺丝刀

螺丝刀又称起子或改锥。有"一"字式和"十"字式两种，专用于拧螺钉。根据螺钉大小可选用不同规格的螺丝刀。

3.2.2 焊接材料

3.2.2.1 焊料

焊料是易熔金属，熔点低于被焊金属。焊料熔化时，在被焊金属表面形成合金而与被焊金属连接在一起。焊料按成分可分锡铅焊料，铜焊料，银焊料等。一般电子产品装配中主要使用锡铅焊料，俗称焊锡。

（1）锡铅合金与铅锡合金

锡（Sn）是一种质软低熔点的金属，熔点为232℃。金属锡在高于13.2℃时呈银白色，低于13.2℃时呈灰色，低于-40℃时变成粉末。常温下锡的抗氧化性强，并且容易同多数金属形成化合物。纯锡质脆，力学性能差。

铅（Pb）是一种浅青白色的软金属，熔点为327℃，塑性好，有较高的抗氧化性和抗腐蚀性，铅属于对人体有害的重金属，在人体中积蓄能引起铅中毒，纯铅的机械性能也很差。

① 铅锡合金　锡与铅以不同比例熔合成合金后，具有一些锡与铅不具备的优点。

ⅰ.熔点低：各种不同成分的铅锡合金熔点均低于锡与铅各自的熔点。

ⅱ.机械强度高：合金的各种强度均优于纯锡和纯铅。

ⅲ.表面张力小：黏度下降，增大了液态流动性，有利于焊接时形成可靠接头。

ⅳ.抗氧化性好：铅具有抗氧化性的优点在合金中继续保持，使焊料在熔化时减少氧化量。

② 铅锡合金　不同比例的铅和锡组成的合金熔点与凝固点各不相同。除纯铅、纯锡和共晶合金是在单一温度下熔化外，其他合金都是在一个区域内熔化。

③ 共晶焊锡　共焊点的金属成分是铅38.1%，锡61.9%，此合金称为晶合金，也叫共晶焊锡。他的熔点与凝固点都是183℃，是铅锡焊料中性能最好的一种，具有以下优点：

ⅰ.熔点低，使焊接时加热温度降低，可防止元器件损坏。

ⅱ. 熔点与凝固点温度相同，可使焊点快速凝固，不会因半熔状态时间间隔长而造成焊点结晶松，强度降低。这一点对自动焊接具有重要意义，因为自动焊接传输中不可避免地存在振动。

ⅲ. 流动性好，表面张力小，有利于焊点的质量。

ⅳ. 机械强度高，导电性好。

（2）焊锡物理性能及杂质影响

表 3.2 给出了不同成分铅锡焊料的物理性能。由表中可以看出，含 Sn60％的焊料，其抗张强度和剪切强度都较优，而 Pb 量过高或过低性能都不理想。

表 3.2　焊料物理性能及力学性能

锡（Sn）	铅（Pb）	导电性（铜 100％）	抗张力/MPa	折断力/MPa
100	0	13.6	1.49	2.0
95	5	13.6	3.15	3.1
60	40	11.6	5.36	3.5
50	50	10.7	4.73	3.1
42	58	10.2	4.41	3.1
35	65	9.7	4.57	3.6
30	70	9.3	4.73	3.5
0	100	7.9	1.42	1.4

各种铅锡焊料中不可避免地会含有微量金属。这些微量金属作为杂质，超过一定限度量就会对焊锡的性能产生很大影响。表 3.3 列举了各种杂质对焊锡性能的影响。

表 3.3　杂质对焊锡的性能影响

杂质	对焊料的影响
铜	会使焊料的熔点变高，流动性变差，焊印制板组件易产生桥接和拉尖缺陷，一般焊锡中铜的允许含量为 0.3％～0.5％
锌	焊料中融入 0.001％的锌就会对焊接质量产生影响，融入 0.005％时会使焊点表面失去光泽，焊料的润湿性变差，焊印制板易产生桥接和拉尖
铝	焊料中融入 0.001％的铝就开始出现不良影响，融入 0.005％时就可使焊接能力变差，焊料流动性变差，并产生氧化和腐蚀，使焊点出现麻点
镉	使焊料熔点下降，流动性变差，焊料晶粒变大且失去光泽
铁	使焊料熔点升高，难于熔接。焊料中有 1％的铁焊料就焊不上，并且会使焊料带有磁性
铋	使焊料熔点降低，机械性变脆，冷却时产生龟裂
砷	可使焊料流动性增强，使表面变黑，硬度和脆性增加
磷	含少量磷可增加焊料的流动性，但对铜有腐蚀作用
金	金熔解到焊料里，会使焊料表面失去光泽，焊点呈白色，机械强度降低，质变脆
银	在焊料中提高银的百分比率，可改善焊料的性质。在共晶焊锡中，增加 3％的银，就可使熔点降低到 177℃，且焊料的焊接性能、扩展焊接强度都有不同程度的提高
锑	加入少量锑（5％）会使焊锡的机械强度增强，光泽变好，但润滑性变差

不同标准的焊锡规定了杂质的含量标准。不合格的焊锡可能是成分不准确，也可能是杂质含量超标。在生产中大量使用的焊锡应该经过质量认证。

为了使焊锡获得某种性能，也可掺某些金属。如掺入 0.5％～2％的银，可使焊锡熔点低，强度高。掺入镉，可使焊锡变成高温焊锡。

手工焊接常用的焊锡丝，是将焊锡制成管状，内部充加助焊剂。助焊剂一般是优质松香添加一定的活化剂。焊锡丝直径有 0.5mm，0.8mm，0.9mm，1.0mm，1.2mm，1.5mm，2.0mm，2.5mm，3.0mm，4.0mm，5.0mm。

3.2.2.2　焊剂

焊剂又称助焊剂，一般是由活化剂，树脂，扩散剂，溶剂 4 部分组成。主要用于清除焊件表面的氧化膜，保证焊锡浸润的一种化学剂。

（1）焊剂的作用

① 除去氧化膜　其实质是助焊剂中的氯化物，酸类同氧化物发生还原反应，从而除去氧化膜。反应后的生成物变成悬浮的渣，漂浮在焊接表面。

② 防止氧化　液态的焊锡及加热的焊件金属都容易与空气中的氧接触而氧化。助焊剂熔化后，漂浮在焊料表面，形成隔离层，因而防止了接触面的氧化。

③ 减小表面张力　增加焊锡的流动性，有助于焊锡浸润。

④ 使焊点美观　合适的焊剂能够整理焊点形状，保持焊点表面的光泽。

（2）对焊剂的要求

① 熔点应低于焊料，只有这样才能发挥助焊剂的作用。

② 表面张力、黏度、密度应小于焊料。

③ 残渣应容易清除。焊剂都带有酸性，会腐蚀金属，而且残渣影响美观。

④ 不能腐蚀母材。焊剂酸性太强，在除去氧化膜的同时，也会腐蚀金属，从而造成危害。

⑤ 不产生有害气体和臭味。

（3）助焊剂的分类与作用

助焊剂大致和分为有机焊剂，无机焊剂和树脂焊剂 3 大类。其中以松香为主要成分的树脂焊剂在电子产品生产中占有重要地位，成为专用型的助焊剂。

① 无机焊剂　无机焊剂的活性最强，常温下就能除去金属表面的氧化膜。但这种强腐蚀作用很容易损伤金属及焊点，电子焊接中是不用的。

② 有机焊剂　有机焊剂具有较好的助焊作用，但也有一定的腐蚀性，残渣不易清除，且挥发物污染空气，一般不单独使用，而是周围活化剂与松香一起使用。

③ 树脂焊剂　这种焊剂的主要成分是松香。松香的主要成分是松香酸和松香酯酸酐，在常温下几乎没有任何化学活力，呈中性，当加热到熔化时，呈弱酸性，可与金属氧化膜发生还原反应，生成的化合物悬浮在焊锡表面，也起到焊锡表面不被氧化的作用，焊接完毕恢复常温后，松香又变成固体，无腐蚀无污染，绝缘性能好。

为提高其活性常将松香溶与酒精中再加入一定的活化剂。但在手工焊接中并非必要，只是在浸焊或波峰焊的情况下才使用。表 3.4 为几种国产助焊剂的配方及性能。

松香反复加热后会被炭化（发黑）而失效，发黑的松香不起助焊作用。现在普遍使用氢化松香，它从松脂中提炼而成，是专为锡焊生产的一种高活性松香，常温下性能比普通松香稳定，助焊作用也更强。

助焊剂的选用应优先考虑被焊金属的焊接性能及氧化、污染等情况，铂、金、银、铜、锡等金属的焊接性能较强，为减少助焊剂对金属的腐蚀，多采用松香作为助焊剂。焊接时，尤其是手工焊接时多采用松香焊锡丝。铅、黄铜、青铜、铍青铜及带有镍层金属材料的焊接

表 3.4　几种国产助焊剂的配方及性能

焊剂品种	配方(质量百分比)		可焊性	活　性	适　用　范　围
松香酒精	松香	23%	中	中性	印制板、导线焊接
	无水乙醇	67%			
盐酸二乙胺	盐酸二乙胺	4%			手工烙铁焊接电子元器件、零部件
	三乙醇胺	6%			
	松香	20%			
	正丁醇	10%			
	无水乙醇	60%			
盐酸苯胺	盐酸苯胺	4.5%			手工烙铁焊接电子元器件、零部件,可用于搪锡
	三乙醇胺	2.5%			
	松香	23%	好	有轻度腐蚀性(余渣)	
	无水乙醇	60%			
	溴化水杨酸	10%			
201 焊剂	溴化水杨酸	10%			元器件搪锡、浸焊、波峰焊
	树脂	20%			
	松香	20%			
	无水乙醇	50%			
201-1 焊剂	溴化水杨酸	7.9%			印制板涂覆
	丙烯酸树脂	3.5%			
	松香	20.5%			
	无水乙醇	48.1%			
SD 焊剂	SD	6.9%			浸焊、波峰焊
	溴化水杨酸	3.4%			
	松香	12.7%			
	无水乙醇	77%			
氯化锌	ZnCl₂ 饱和水溶液				各种金属制品
氯化铵	乙醇	70%	很好	腐蚀性强	锡焊各种黄铜零件
	甘油	30%			
	NH₄Cl 饱和				

性能较差,焊接时,应选用有机助焊剂。焊接时能减小焊料表面张力,促进氧化物的还原作用,它的焊接能力比一般焊丝要好,但要注意焊后的清洗问题。

3.2.2.3　阻焊剂

　　焊接中,特别是在浸焊及波峰焊中,为提高焊接质量,需要耐高温的阻焊涂料使焊料只在需要的焊点上进行焊接,而把不需要焊接的部分保护起来,起到一种阻焊作用,这种阻焊材料叫做阻焊剂。

　　(1) 阻焊剂的优点

　　① 防止桥接、短路及虚焊等情况的发生,减少印制板的返修率,提高焊点的质量。

　　② 因印制板板面部分被阻焊剂覆盖,焊接时受到的热冲击小,降低了印制板的温度使板面不易起泡、分层,同时也起到保护元器件和集成电路的作用。

　　③ 除了焊盘外,其他部位均不上锡,这样可以节约大量的焊料。

　　④ 使用带有色彩的助焊剂,可使印制板的版面显得整齐美观。

　　(2) 阻焊剂的分类

　　① 阻焊剂按成模方法分为热固性和光固性两大类,即所用的成模材料是加热固化或是光照固化。目前热固化阻焊剂被逐步淘汰,光固化阻焊剂被大量采用。

② 热固化阻焊剂具有价格便宜、黏接强度高的优点，但也具有加热温度高、时间长、印制板容易变形、能源消耗大、不能实现连续化生产等缺点。

③ 光固化阻焊剂在高压汞灯下照射 2～3min 即可固化，因而可节约大量能源，提高生产效率，便于自动化生产。

3.3　手工焊接工艺

手工锡铅焊是锡焊工艺的基础。目前，在产品研制、设备维修，乃至一些小规模、小型电子产品的生产中，仍广泛应用手工锡铅焊，它是锡焊工艺的基础。

3.3.1　焊前准备

（1）选用合适功率的电烙铁

由于内热试电烙铁具有升温快、热效率高、体积小、重量轻的特点，在电子装配中已得到普遍使用，焊接印制电路板的焊盘和一般产品中的较精密元器件及受热易损元器件宜用 20W 内热式电烙铁。但低功率的电烙铁由于本身的热容量小、热恢复时间长，不适于快速操作。对这类焊接，在具有熟练的操作技术的基础上，可选用 35W 内热式电烙铁，这样可以缩短焊接时间。对一些焊接面积较大的结构件，金属板接地点的焊接，则应该选用功率更大一些的电烙铁。

（2）选用合适的烙铁头

烙铁头的形状要适应被焊工件表面的要求和产品的装配密度。成品电烙铁头都已定形，可根据焊接的需要，自行加工成不同形状的烙铁头。凿形和尖锥形烙铁头，角度较大时，热量比较集中，温度下降较慢，适用于一般焊点。角度较小时，温度下降快，适用于焊接对温度比较敏感的元器件。斜面设计的烙铁头，由于表面积较大，传热较快，因此适用于焊接密度不很高的单面印制板焊盘接点。圆锥形烙铁头适用于焊接密度高的焊点，小孔和小而怕热的元器件。

目前有一种被称为"长寿命"的烙铁头，是紫铜表面镀以纯铁或镍，使用寿命比普通烙铁头高 10～20 倍。这种烙铁头不宜用锉刀加工，以免破坏表面镀层，缩短使用寿命。该种烙铁头的形状一般都已加工成适于印制电路板焊接要求的形状。

（3）烙铁头的清洁和上锡

对于使用过的电烙铁，应进行表面清洁、整形及上锡，使烙铁头表面平整、光亮及上锡良好。

3.3.2　手工焊接分类

① 绕焊　将被焊接元器件的引线或导线缠绕在接点上进行焊接。其优点是焊接强度最高，此方法应用很广泛。高可靠整机产品的接点通常采用这种方法。

② 钩焊　将被焊接元器件的引线或导线钩接在被连件的孔中进行焊接。它适用于不便缠绕但又要求有一定机械强度和便于拆焊的接点上。

③ 搭焊　将被焊接的元器件的引线或导线搭接点上进行焊接。它适用于调整或改焊的临时焊点。

④ 插焊　将被焊元器件的引线插入洞形或孔形接点中进行焊接。例如，有些插接件的焊接需要将导线插入接线柱的洞孔中，也属于插焊的一种，它适用于元器件带有引线插针或

插孔及印制板的常规焊接。

3.3.3　焊点的质量要求

焊点的质量应达到电接触性能良好、机械强度牢固和清洁美观，焊锡不能过多或过少，不能有搭焊、拉刺等现象，其中最关键的一点就是避免虚焊、假焊。因为假焊会使电路完全不通，而虚焊易使焊点成为有接触电阻的连接状态，从而使电路在工作时噪声增加，产生不稳定状态。其中有些虚焊点在电路开始工作的一段较长时间内，保持接触良好，电路工作正常，但在温度、湿度和振动等环境条件下工作一段时间后，基础表面逐步被氧化，接触电阻渐渐变大，最后导致电路工作不正常。当我们要对这种问题进行检查时，是十分困难的，往往要花费许多时间，降低工作效率。所以大家在进行手工焊接时，一定要了解清楚焊接的质量要求。

（1）电气性能良好

高质量的焊点应使焊接和金属工件表面形成牢固的合金层，才能保证良好的导电性能。简单地将焊料堆附在金属工件表面而形成虚焊，是焊接工作的大忌。

（2）具有一定的机械强度

焊点的作用是连接两个或两个以上的元器件，并使电气接触良好。电子设备有时要工作在振动的环境中，为使焊件不松动、不脱落，焊点必须具有一定的机械强度。锡铅焊料中的锡和铅的强度都比较低，有时在焊接较大和较重的元器件时，为了增加强度，可根据需要增加焊接面积，或将元器件引线、导线先网绕、绞合、钩接在接点上再进行焊接。

（3）焊点上的焊料要合适

焊点上的焊料过少，不仅降低机械强度，而且由于表面氧化层加深，会导致焊点"早期"失效；焊点上的焊料过多，既增加成本，又容易造成焊点桥连（短路），还会掩饰焊接缺陷，所以焊点上的焊料要适量。印制电路板焊接时，焊料布满焊盘呈裙状展开时最适宜。

（4）焊点表面应光亮且均匀

良好的焊点表面应光亮且色泽均匀。这主要是因为助焊剂中未完全挥发的树脂成分形成的薄膜覆盖在焊点表面，能防止焊点表面的氧化。如果使用了消光剂，则对焊接点的光泽不作要求。

（5）焊点不应有毛刺、空隙

焊点表面存在毛刺、空隙，不仅不美观，还会给电子产品带来危害，尤其高压电路部分，会产生尖端放电而损坏电子设备。

（6）焊点表面必须清洁

焊点表面的污垢如果不及时消除，酸性物质会腐蚀元器件的引线、焊点及印制电路板，吸潮会造成漏电甚至短路燃烧。

以上是对焊点的质量要求，可用它作为检验焊点的标准。合格的焊点与焊料、焊剂及焊接工具、焊接工艺、焊点的清洗都与焊点的好坏有着直接的关系。

3.3.4　焊接要领

掌握焊接的要领，是焊接的基本条件。对于初学者，一方面要不断地向有经验的工程技术人员学习，另一方面要在实际中不断摸索焊接技巧，只有这样，才能不断地提高自己的焊接水平。

（1）设计好焊点

合理的焊点形状，对保证锡焊的质量至关重要，印制电路板的焊点应为圆锥形，而导线之间的焊接，则应将导线交织在一起，焊成长条形，能保证焊点足够的强度。

（2）掌握焊接的时间

焊接的时间是随烙铁功率的大小和烙铁头的形状变化而变化的，也与被焊工件的大小有关。焊接时间一般规定约 2～5s，既不可太长，也不可太短。真正准确地把握时间，必须靠自己不断在实际中去摸索。但初学者往往把握不住，有时担心焊接不牢，时间很长，造成印制电路板焊盘脱落、塑料变形、元器件性能变化甚至失效、焊点性能变差；有时又怕烫坏元件，烙铁头轻点几下，表面上已焊好，实际上却是虚焊、假焊，造成导电性不良。

（3）掌握好焊接的温度

在焊接时，为使被焊件达到适当的温度，并使焊料迅速熔化湿润，就要足够的热量和温度，如果温度过低，焊锡流动性差，很容易凝固，形成虚焊；如果锡焊温度过高，焊锡流淌，焊点不易存锡，印制电路板上的焊盘脱落。特别值得注意的是，当使用天然松香助焊剂时，焊锡温度过高，很容易氧化脱羧产生炭化，因而造成虚焊。

温度高低合适的简易判断标准是：用烙铁头去触碰松香，当发出"嗞"的声音时，说明温度合适。

焊点的标准是：被焊件完全能被焊料所是湿润（焊料的扩散范围达到要求后）。通常情况下，烙铁头与焊点的接触时间长短，是以焊点光亮、圆润为宜。如果焊点不亮并形成粗糙面，说明温度不够、时间太短，此时需要增加焊接温度；如果焊点上的焊锡成球不再流动，说明焊接温度太高或焊接时间太长，因而要降低焊接温度。

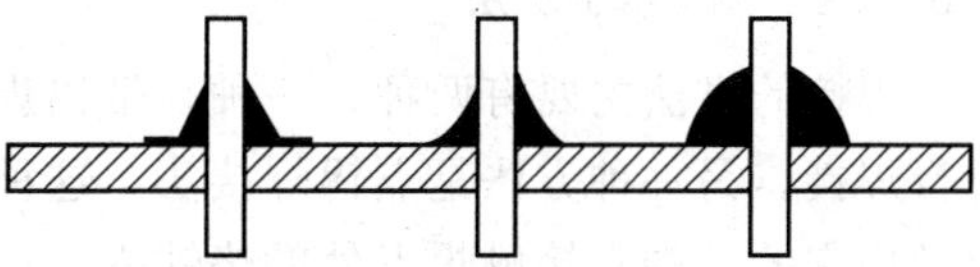

焊锡不足　　焊锡适量　　焊锡过多

图 3.3　焊锡量标准参考图

（4）焊剂的用量要合适

使用焊剂时，必须根据被焊件的面积大小和表面状态适量使用。具体地说，焊料包着引线灌满焊盘，如图 3.3 所示。焊量的多少会影响焊接质量，过量的锡焊增加了焊接时间，相应降低了焊接速度。更为严重的是，在高密度的电路中，很容易造成不易察觉的短路。当然焊锡也不能过少，焊锡过少不能牢固地结合，降低了焊点强度，特别是在印制电路板上焊导线时，焊锡不足往往造成导线脱落。

（5）焊接时不可施力

用烙铁头对焊点施力是有害的，烙铁头把热量传给焊点主要靠增加接触面积，用烙铁头对焊点施力对加热是无用的，很多情况下会造成对焊件的损伤，例如电位器、开关、接插件的焊接点往往都是固定在塑料构件上，施力的结果容易造成元件变形、失效。

（6）掌握好焊点的形成火候

焊点的形成过程是：将烙铁头的搪锡面紧贴焊点，焊锡全部熔化，并因表面张力紧缩而使表面光滑后，轻轻转动烙铁头带去多余的焊锡，从斜上方 45°角的方向迅速脱开，便留下了一个光亮、圆滑的焊点；若烙铁不挂锡，烙铁应从垂直向上的方向撤离焊点。焊点形成后，焊盘的焊锡不会立即凝固，所以此时不能移动焊件，否则焊锡会凝成沙粒状，使被焊件附着不牢，造成虚焊。另外，也不能向焊锡吹气散热，应让它自然冷却凝固。若烙铁脱开后，焊点带上锡峰，说明焊接时间过长，是焊剂气化引起的，这时应重新焊接。

（7）焊接后的处理

当焊接结束后，焊点的周围会留有一些残留的焊料和助焊剂，焊料易使电路短路，助焊剂有腐蚀性，若不及时清除，会腐蚀元器件或印制电路板，或破坏电路的绝缘性能。同时还应检查电路是否漏焊、虚焊、假焊或焊接不良的焊点，并可以用镊子将有怀疑的元件拉一拉，摇一摇，看有无松动的元件。

3.3.5 焊接步骤

3.3.5.1 焊接的姿势

在焊接时，助焊剂加热挥发，对人体有害，因此必须在加有排气扇的环境中进行，同时人的面部至少应离开烙铁 40cm 左右。

握笔法　　　　正握法　　　　反握法

图 3.4　烙铁的握法

（1）烙铁的握法

烙铁的握法一般有三种方式，分别为：握笔法、正握法和反握法（如图 3.4 所示）。不用时应放在烙铁架上，烙铁架放置在操作者右前方 40cm 左右，放置要稳妥，远离塑料件等物品，以免发生意外。

（2）焊锡丝的拿法

在手工焊接中，一般是右手握烙铁，左手拿焊锡丝，要求两手相互协调工作。

3.3.5.2 焊接的方法

焊接的方法主要有两种，一种是带锡焊接法，即用加热的烙铁头，粘带上适当的焊锡，进行焊接。另一种方法是点锡焊接法，这种方法是将烙铁头放在焊接位置上，另一手捏着焊锡丝用它的一端去接触焊点处的烙铁头，进行焊接。这种方法必须双手配合，才能保证焊接的质量。

（1）带锡焊接法

带锡焊接的方法，不是标准的焊法，但我们在维修过程中有时也采用此种方法，尽管存在湿润不足、结合不易形成，但只要操作得当，还是可以在焊料缺乏的情况下作为应急焊接。其步骤可分为以下三步。

① 烙铁头带锡　将焊锡熔化在烙铁头上。

② 放上烙铁头　将烙铁头放在需要焊接的工件上。

③ 移开烙铁头　当焊锡完全湿润焊点后移开烙铁，注意移开烙铁的方向大致为 45° 的方向。

（2）点锡焊接法

点锡焊接法又称为五步焊接法，一般初学者都必须从此开始训练，如图 3.5 所示。

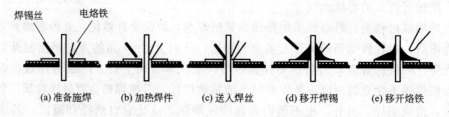

(a) 准备施焊　　(b) 加热焊件　　(c) 送入焊丝　　(d) 移开焊锡　　(e) 移开烙铁

图 3.5　五步焊接法步骤

① 准备施焊　准备好焊丝和烙铁，此时要特别强调的是烙铁头部要保持干净，即可以沾上焊锡（俗称吃锡）。左手拿焊丝，右手拿烙铁对准焊接部位如图 3.5(a) 所示。

② 加热焊件　将烙铁头接触焊接点，注意首先要保持烙铁加热焊件各部分，例如元器件引线和印制电路板焊盘都要使之受热，其次要让烙铁头的扁平部分接触热容量较大的焊件，烙铁头的侧面或边缘部分接触热容量较小的焊件，以保持均匀受热，如图 3.5（b）所示。

③ 熔化焊料　当焊件加热到能熔化焊料的温度后将焊丝置于焊点，焊料开始熔化并润湿焊点，熔化焊料要适量，如图 3.5(c) 所示。

④ 移开焊锡　当熔化一定量焊锡后将焊丝移开，如图 3.5(d) 所示。

⑤ 移开烙铁　当焊锡完全湿润焊点后移开烙铁，注意移开烙铁的方向应该大致为 45° 的方向，如图 3.5(e) 所示。

上述五步间并没有严格的区分，要熟练掌握焊接的方法，必须经过大量的实践，特别是准确掌握各步骤所需的时间，对保证焊接质量十分重要。

3.3.6　印制电路板的焊接

3.3.6.1　印制电路板焊接的特点

① 印制电路板是用黏合剂把铜箔压粘在绝缘基板上制成的，绝缘基板的材料有环氧玻璃布，酚醛绝缘纸板等。铜与这些绝缘材料的黏合能力不是很强，高温时则更差。一般环氧玻璃布覆铜板连续使用的温度是 140℃ 左右。远低于焊接温度。而且铜与绝缘基板的热膨胀系数各不相同，过高的焊接温度和过长时间会引起印制电路板起泡、变形，甚至铜箔翘起。

② 印制电路板插装的元器件一般为小型元器件，如晶体管，集成电路及使用塑料骨架的中周、电感等，耐高温性能较差，焊接温度过高，时间过长，都会造成元器件的损坏。

③ 如果采用低熔点的焊料，又会给焊接点的机械强度和其他方面带来不利影响。所以在焊接印制电路板时，要根据具体情况，除掌握合适的焊接温度、焊接时间外，还应选用合适的焊料和助焊剂。

3.3.6.2　印制电路板手工焊接工艺

（1）电烙铁的选用

由于铜箔和绝缘基板之间的结合强度。铜箔的厚度等原因，烙铁头的温度最好控制在 250～300℃ 之间，因此最好选用 20W 内热式电烙铁。当焊接能力达到一定的熟练程度时，为提高焊接效率，也可选用 35W 内热式电烙铁

（2）烙铁头的形状

烙铁头的形状应以不损伤印制电路板为原则，同时也要考虑适当增加烙铁头的接触面积，最好选用凿式烙铁头并将棱角部分锉圆。

（3）电烙铁的握法

焊接时，烙铁头不能对印制电路板施加太大的压力，以防止焊盘受压翘起可以采用握笔法拿电烙铁。小指垫在印制电路板上支撑电烙铁，以便自由调整接触角度接触面积接触压力，使焊接面积均匀受热。

（4）焊料和助焊剂的选用

焊料可选用 HH6-2-2 牌号的活性树脂芯焊锡丝，直径可根据焊盘大小、焊接密度决定。对难焊的焊接点，在复焊与修整时再添加 BH66-1 液态助焊剂。

（5）焊接的步骤可按前述手工焊接的进行

一般焊盘面积不大时，可免去第③步操作，采用三步操作法：

ⅰ．加热被焊工件。

ⅱ．填充焊料。

ⅲ．移开焊锡丝、移开电烙铁。

根据印制电路板的特点，为防止焊接温度过高，焊接时间一般以 2～3s 为宜。当焊盘面积很小，或用 35W 电烙铁时，甚至可将 ⅰ、ⅱ 步合并，有利于连续操作，提高效率。

（6）焊接点的形式与要求

导线或元器件引线插入印制板规定的孔内，暴露在焊盘外部引线开头的形状又分为直脚和弯脚两种。印制电路板插焊的形式如图 3.6 所示。

直脚露骨焊即为部分导线或元器件引线露出焊接点锡面，这样可以避免在焊接时因导线或元器件引线自孔中下落而形成虚焊、假焊甚至漏焊的现象。如果焊点"包头"的话，很可能将这些问题掩盖了。对焊接点的要求是光亮、平滑、焊料布满焊盘并成"裙状"展开。焊接结束后应立即剪脚，"露骨"长度宜在 0.5～1mm 之间，过长可能产生弯曲，易与相邻焊点发生短路。

双面印制电路板的连接孔一般要进行孔的金属化，金属化孔的焊接如图 3.7 所示。在金属化孔上焊接时，要将整个元器件的安装座（包括孔内）都充分浸润焊料，所以以金属化孔上的焊接加热时间应稍长一些。

图 3.6　印制电路板插焊的形式

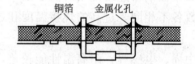

图 3.7　金属化孔的焊接

由于直脚焊还存在着机械强度较差的缺点，因此在某些具有特殊要求的高可靠性产品中采用的是弯脚焊可将导线或元器件引线弯成 45°或 90°两种。弯成 45°时，既保持了足够的机械强度，又较容易在更换元器件时拆装重焊，因此在弯脚焊中常常采用 45°的弯曲角度。

弯成 90°时应带有一些弧形，这样焊接时不易产生拉尖，这种形式在焊接中机械强度最高，但拆装重焊困难。在采用这种方法时要注意焊盘中引线的弯曲方向，不能随意乱弯，防止与相邻的焊盘造成短路。一般应沿着印制导线的方向弯曲，然后剪脚，其端头长度不超过焊盘的半径，以防止弯曲后造成短路。

（7）检查和整理

焊接完成后要进行检查和整理。检查的项目包括：有无插错元器件、漏焊及桥连；元器件的极性是否正确及印制电路板上是否有飞溅的焊料、剪断线头等。检查后还需将歪斜的扶正并整理好导线。

3.3.7　几种典型器件焊接方法

（1）铸塑元件的锡焊

各种有机材料，包括有机玻璃、聚氯乙烯、聚乙烯、酚醛树脂等材料，现在已被广泛用于电子元器件的制造，例如各种开关、插接件等。这些元件都是采用热铸塑方式制成的，它们最大弱点就是不能承受高温。当我们对铸塑在有机材料中的导体接点施焊时，如不注意控制加热时间，极容易造成塑料变形，导致元件失效或降低性能，造成隐性故障。

其他类型铸塑制成的元件也有类似问题，因此，这一类元件焊接时必须注意以下几点。

ⅰ. 在元件预处理时，尽量清理好接点，一次镀锡成功，不要反复镀，尤其将元件在锡锅中浸镀时，更要掌握好浸入深度及时间。

ⅱ. 焊接时烙铁头要修整尖一些，焊接一个接点时不碰相邻接点。

ⅲ. 镀锡及焊接时加助焊剂量要少，防止浸入电接触点。

ⅳ. 烙铁头在任何方向均不要对接线片施加压力。

ⅴ. 焊接时间，在保证润湿的情况下越短越好。实际操作时在焊件预焊良好时只需用挂上锡的烙铁头轻轻一点即可。焊后不要在塑壳未冷前对焊点作牢固性试验。

（2）簧片类元件接点焊接

簧片类元件如继电器、波段开关等，它们共同特点是簧片制造时加预应力，使之产生适当弹力，保证电接触性能。如果安装施焊过程中对簧片施加外力，则破坏了接触点的弹力，造成元件失效。簧片类元件焊接要领：可靠的预焊；回执时间要短；不可对焊点任何方向加力；焊锡量宜少。

（3）FET 及集成电路焊接

MOS FET 特别是绝缘栅极型，由于输入阻抗很高，稍不慎即可能使内部击穿而失效。双极型集成电路不像 MOS 集成那样娇气，但由于内部集成度高，通常管子隔离层都很薄，一旦受到过量的热也容易损坏。无论哪种电路都不能承受高于 200℃ 的温度，因此焊接时必须非常小心。

ⅰ. 电路引线如果是镀金处理的，不要用刀刮，只需酒精擦洗或用绘图橡皮擦干净就可以了。

ⅱ. 对 CMOS 电路如果事先已将各引线短路，焊前不要拿掉短路线。

ⅲ. 焊接时间在保证润湿的前提下应尽可能短，一般不超过 3s。

ⅳ. 使用烙铁最好是恒温 230℃ 的烙铁；也可用 20W 的内热式，接地线应保证接触良好。若用外热式，最好采用烙铁断电用余热焊接，必要时还要采取人体接地的措施。

ⅴ. 工作台上如果铺有橡胶垫、塑料等易于积累静电材料，MOS 集成电路芯片及印制电路板不宜放在台面上。

ⅵ. 烙铁头应修整窄一些，使焊一个端点时不会碰到相邻端点。所用烙铁功率：内热式不超过 20W，外热式不超过 30W。

ⅶ. 集成电路若不使用插座，可直接焊到印制板上、安全焊接顺序为地端—输出端—电源端—输入端。

（4）瓷片电容，发光二极管，中周等元件的焊接

这类元器件的共同弱点是加热时间过长就会失效，其中瓷片电容、中周等元件是内部接点开焊，发光管则使管芯损坏。焊接前一定要处理好焊点，施焊时强调一个"快"字。采用辅助散热措施可避免过热失效。

3.3.8 拆焊

拆焊是指在电子产品生产过程中，因为装错、损坏、调试或维修而将已焊的元器件拆下来的过程，有时也叫解焊。它的操作难度大，技术要求高，所以在实际操作中，要反复练习，掌握操作要领，才能做到不损坏元器件、不损坏印制电路板焊盘。

（1）拆焊的几点要求

ⅰ. 不损坏元器件、导线和结构件，特别是焊盘与印制导线。

ⅱ. 对已判断损坏的元器件可将引线剪断再拆除，这样可减少起他器件损坏。

ⅲ. 在拆焊过程中，应尽量避免拆动其他元器件或变动其他元器件的位置，如确实需要，应做好复原工作。

（2）拆焊工具

ⅰ. 烙铁。

ⅱ. 镊子。

ⅲ. 基板工具：可用来切、划、勾和通孔，借助电烙铁恢复焊孔。

ⅳ. 吸锡器、吸锡绳：用以吸收焊点或焊孔中的焊锡。

（3）拆焊的步骤

ⅰ. 选用合适的电烙铁。选用的电烙铁应比相应的焊接烙铁功率略大，因为拆焊所需要的加热时间要稍长、温度要稍高。所以要严格控制温度和加热时间，以免将元器件烫坏或使焊盘翘起、断裂。宜采取间隔加热法来进行拆焊。

ⅱ. 加热拆焊点。将烙铁平稳地靠近拆焊点，保证各部分均匀加热。

ⅲ. 吸去焊料。当焊料熔化后，用吸锡工具吸去焊料。要注意的是，即使还有少量锡连接，在拆卸时也易损坏元件。

ⅳ. 拆下元件。一般可直接用镊子将元器件拨下。但要注意，在高温状态下，元器件的封装强度都会下降，尤其是塑封器件、陶瓷器件、玻璃端子等，如果用力拉、摇、扭，都会损坏元器件和焊盘。

上述过程并不是一成不变的，在没有吸锡工具的情况下，则可以将印制电路板或移动的部件倒过来，用电烙铁加热至焊料熔化后，不移开烙铁的条件下，用镊子或其他工具，也可以将元器件拆下。

（4）几种元器件的拆焊方法

ⅰ. 阻容元件拆焊。如采用卧式安装，两个焊接点较远，可采用电烙铁分点加热，逐点拨出。

ⅱ. 晶体管拆焊。由于焊接点距离较近，可用电烙铁同时交替加热几个焊接点，待焊锡熔化后一次拨出。

ⅲ. 集成电路拆焊。因为集成电路的端子多，既不能采用分点拆焊，也不能采用交替加热拆焊，一般可采用吸锡器吸进焊料，或用空心针在加热的条件下，迅速插入端子中，使印制电路板的焊盘与端子分离。在没有辅助工具的条件下，也可以用焊锡将集成电路的一排或两排端子加满焊锡，同时加热，用集成电路起拨器起下，一般情况下不要使用，因为这样拆焊，易损坏集成电路。

总之，在拆焊时，尽量不要损坏元器件与焊盘，在元器件损坏的情况下，可先剪断端子，再拆焊点上的线头。

3.3.9 焊接质量检查

焊接结束后，还要对焊点进行检查，确认是否达到了焊接的要求，如果不精心检查，势必会存在许多隐患，所以对焊接质量的检查是十分重要的。具体检查可从外观和电路工作方面入手。

3.3.9.1 目测焊点缺陷

常见焊点的缺陷如表3.5所示。

表 3.5 常见焊点缺陷与分析

焊点缺陷	外观特征	危 害	原因分析
焊料过多	焊料面呈凸形	浪费焊料、可能包藏缺陷	焊丝撤离过迟
焊料过少	焊料未形成平滑面	机械强度不足	焊丝撤离过早或焊料流动性差而焊接时间又短
过热	焊点发白、无金属光泽、表面粗糙	焊盘容易剥落、强度降低	烙铁功率过大、加热时间过长
冷焊	表面呈豆腐渣状颗粒,有时可能有裂纹	强度低,导电性不好	焊料未凝固前焊件抖动或烙铁功率不够
浸润不良	焊料与焊件交接面接触角过大,不平滑	强度低,不通或时通时断	焊件清理不干净,助焊剂不足或质量差,焊件未充分加热
虚焊	焊件与元器件引线或与铜箔之间有明显黑色界限,焊锡向界限凹陷	电连接不可靠	元器件引线未清洁好,有氧化层或油污、灰尘;印制板未清洁好,喷涂的助焊剂质量不好
铜箔剥离	铜箔从印制板上剥落	印制板被损坏	焊接时间长、温度高
不对称	焊锡未流满焊盘	强度不足	焊料流动性不好
拉尖	出现尖端	外观不佳,容易造成桥接现象	助焊剂过少,而加热时间过长,烙铁撤离角度不当
桥接	相邻导线连接	电气短路	焊锡过多、烙铁撤离方向不当
松动	导线或元器件引线可移动	导通不良或不导通	焊锡未凝固前引线移动造成空隙,引线未处理好(浸润差或不浸润)
针孔	目测或低倍放大镜可见有孔	强度不足,焊点容易腐蚀	焊盘孔与引线间隙太大
气泡	引线根部有喷火式焊料隆起,内部藏有空洞	暂时导通,但长时间容易引起导通不良	引线与焊盘孔间隙过大或引线浸润性不良
剥离	焊点剥落(不是铜箔剥落)	断路	焊盘上金属镀层不良

3.3.9.2 用电阻挡检查

在目测检查的过程中，有时对一些焊接点之间的搭焊、虚焊，不是一眼就能看出来，需借助万用表电阻挡的测量来进行判断。对于搭焊，测量不相连的两个焊点，看是否短路；对于虚焊，测量端子与焊盘之间，看是否开路，或元件相连的两个焊点，是否与相应的电阻值相符（因焊点之间可能接了电阻、半导体器件或其他元器件，本身之间有电阻值，需仔细判断）。

3.3.9.3 通电检查

通电检查必须是在外观检查及边线检查无误后才可进行的工作，也是检验电路性能的关键步骤。如果不经过严格的外观检查，通电检查不仅困难较多而且有损坏设备仪器、造成安全事故的危险。例如电源边线虚焊，那么通电时就会发现设备加不上电，当然无法检查。

通电检查可以发现许多微小的缺陷，例如用目测观察不到的电路桥接，但对于内部虚焊的隐患就不容易觉察。所以根本的问题要提高焊接操作的技艺水平，不能把问题留给检查工作去完成。

3.4 自动焊接

手工焊接尽管要求每个工程技术人员都应该熟练地掌握，但它只在小批量生产或日常维修中采用，真正的现代化工业生产都是采用自动焊接技术。随着电子技术的飞速发展，电子元器件也日趋集成化、小型化和微型化，印制电路板上的元器件的排列也越来越密，在大批量生产中，手工焊接已不能满足生产效率和可靠性的要求。在这种情况下，自动焊接技术就产生了，而且已成为印制电路板焊接的主要方法。

3.4.1 浸焊

浸焊是将完好元器件的印制板在熔化的锡锅里浸锡，一次完成印制线路板多焊接点的焊接方法。

焊接要求先将印制板安装在具有振动头的专用设备上，然后再进入焊料中。此法在焊接双面电路板时，能使焊料浸润到焊点的金属化孔中，使焊接更加牢固并可振动掉多余的焊料，焊接效果较好。需要注意的是，使用锡锅浸焊，要及时清理掉锡锅内熔融焊料表面形成的氧化膜、杂质和焊渣。此外，焊料与印制板之间大面积接触，时间长，温度高，容易损坏元器件，还容易使印制板变形。通常，机器浸焊采用得较少。

3.4.1.1 手工浸焊

对于小体积的印制板如果要求不高时，采用手工浸焊较为方便。手工浸焊是手持印制线路板来完成焊接，其步骤如下。

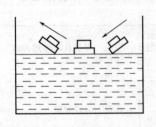

图 3.8 手工浸焊示意图

ⅰ. 焊前应将锡锅加热，以熔化的焊锡达到 $230\sim250\,^{\circ}\!C$ 为宜。为了去掉锡层表面的氧化层，要随时加一些焊剂，通常使用松香粉。

ⅱ. 在印制板上涂上一层助焊剂，一般是在松香酒精溶液中浸一下。

ⅲ. 使用简单的夹具将待焊接的印制板夹着浸入锡锅中，使焊锡表面与印制板接触，如图 3.8 所示。

ⅳ.拿开印制电路板，待冷却后，检查焊接质量。如有较多焊点没焊好，要重复浸焊。只有个别未焊好的，可用电烙铁手工补焊。

在将印制板放入锡锅时，一定要保持平稳，印制板与焊锡的接触要适当。这是手工浸焊成败的关键。因此，手工浸焊时要求操作者必须具有一定的操作技能。

3.4.1.2　自动浸焊

（1）工艺流程

使用机器浸焊设备浸焊时，先将印制电路板装在具有振动头的专用设备上，喷上泡沫助焊剂，经加热器烘干，再浸入焊料中，这种浸焊的效果较好，尤其是在焊接双面印制电路板时，能使焊料深入到焊接点的孔中，使焊接更牢靠。其一般工艺流程如图3.9所示。

图3.9　自动浸焊一般工艺流程

（2）自动浸焊设备

① 带振动头的自动浸焊设备　设备上都带有振动头，它安装在安置印制电路板的专用夹具上。印制电路板由传动机构导入锡槽，浸锡2～3s，开启振动头2～3s使焊锡深入焊点内部，尤其对双面板PCB效果更好，并可振掉多余的焊锡。

② 超声波浸焊设备　是利用超声波来增强浸焊的效果，增加焊锡的渗透性，使焊接更可靠。此设备增加了超声波发生器、换能器等部分，因此比一般设备复杂。

3.4.2　波峰焊

（1）工艺流程

波峰焊是在电子焊接中使用较为广泛的一种焊接方法，其焊点的合格率可达99.97%以上，在现代工厂中它已取代了大部分的传统焊接工艺。其原理是让电路板焊接面与熔化的焊料波峰接触，形成连接焊点。这种方法适宜一面装有元器件的印制线路板，并可大批量焊接。凡与焊接质量有关的重要因素，如焊料与助焊剂的化学成分、焊接温度、速度、时间等，在波峰焊时均能得到比较完善的控制，其工艺流程如图3.10所示。

图3.10　波峰焊工艺流程

将已完成插件工序的印制板放在匀速运动的导轨上，导轨下面装有机械泵和喷口的熔锡缸。机械泵根据焊接要求，连续不断地泵出平稳的液态锡波，焊锡以波峰形式溢出至焊接板面进行焊接。为了获得良好的焊接质量，焊接前应做好充分的准备工作，如预镀焊锡、余敷助焊剂、预热等；焊接后的冷却、清洗这些操作也都要做好。整个焊接过程都是通过传送装置连续进行的。

（2）波峰焊接机

波峰焊机通常由波峰发生器、印制电路板传输系统、助焊剂喷涂系统、印制电路板预热、冷却装置与电气控制系统等基本部分组成，其他可添加部分包括风刀、油搅拌和惰性气体氮等。其主要部分设备功能如表3.6所示。

表 3.6　波峰焊接机主要部分设备功能表

设备名称	功　　能
泡沫助焊剂发生槽	向被焊的 PCB 的一面喷射助焊剂
气刀	用于排出被焊 PCB 一面多余的助焊剂,同时也使得整个焊面皆途上助焊剂
热风器与预热板	一方面加热使助焊剂成糊状,另一方面也加热 PCB,逐步缩小与锡槽焊料的温差
波峰焊锡槽	当印制板经过波峰时即达到焊接的目的

3.5　表面安装

表面安装技术（SMT）是一种将无引线或短引线的元器件直接粘贴在印制电路板表面的一种安装技术。由于电子装配正朝着多功能、小型化、高可靠性方向发展，实现电子产品"轻、薄、短、小"已成为一种必然。它打破了传统的通孔安装方式，使电子产品的装配发生了根本的、革命性的变革。目前，表面安装技术已在计算机、通信、军事和工业生产等多个领域取得了广泛的应用。

3.5.1　表面安装技术特点

表面安装技术使用小型化的元件，不需要通孔，直接贴在印制电路板表面，给安装带来了通孔安装不可比拟的优势。具体表现在：

（1）组装密度高

单位面积内可安装更多的元件，产品体积小、重量轻。与通孔技术相比，比体积缩小了 30％～40％，重量也减少了 10％～30％。

（2）生产效率高

表面安装技术与传统的安装技术相比，减少了多道工序，如刀剪、成型等，不但节约了材料，而且节约了工时，也更适合自动化控制大规模生产。

（3）可靠性高

贴装元件的端子短或无端子，体积小，中心低，直接贴焊在电路板的表面上，抗振能力强。采用了先进的焊接技术，使焊点缺陷率大大降低。

（4）产品性能好

无引线元器件或短引线的元器件，电路寄生参数小、噪声低，特别是减少了高频分布参数影响；安装的印制电路板变小，使信号的传送距离变短，提高了信号的传输速度，改善了高频特性。

3.5.2　表面安装材料

3.5.2.1　基板材料

SMT 电路基板按材料分有机材料和无机材料两大类。

（1）无机材料

主要为陶瓷电路基板，基板材料 96％的氧化铝，也可以用氧化铍做基板材料，其优点如下。

ⅰ. 它的热膨胀系数与无引线陶瓷芯片载体外壳的热膨胀系数相匹配，采用陶瓷电路基板组装无引线陶瓷芯片载体器件可获得很好的焊点可靠性。

ⅱ．陶瓷电路基板主要用于厚薄混合集成电路、多芯片组装电路中。

ⅲ．陶瓷基板比有机材料具有更好的耐高温性能，表面光洁度好，化学稳定性好，耐腐蚀。

陶瓷基板的缺点主要有以下几点。

ⅰ．难以加工成大而平整的基板，难以适应自动化生产的需要。

ⅱ．陶瓷材料的介电常数高，不适合用做高速电路基板。

ⅲ．陶瓷电路基板的价格较贵，一般的表面安装难以承受。

（2）有机材料

有机材料的种类较多，如环氧玻璃纤维板、聚酰亚胺纤维板、环氧-芳族聚酰亚胺纤维板、热固性塑料板等，它们具有各自不同的特点，也适合于不同的用途。

目前应用最广泛的是环氧玻璃纤维电路板，它可用作单面、双面和多层印制电路板。强度好、韧性强，具有良好的延展性。单块电路基板的尺寸基本不受限制，电性能、热性能和机械强度均能满足一般电路的要求。但环氧玻璃纤维材料的热膨胀系数比较高，一般不适合安装大尺寸的片式元件。另外，环氧玻璃纤维板的热膨胀系数与无引线陶瓷芯片载体的热膨胀系数不匹配，故不能在这种基板上组装无引线陶瓷芯片载体。

3.5.2.2　黏合剂

黏合剂主要用来黏合元件与印制电路板的焊盘。一般有环氧类和聚酯类，如环氧树脂、丙烯酸树脂及其他聚合物。按固化方式，可分为热固化黏合剂、光固化黏合剂和超声波固化黏合剂等。其特点是：凝固时间短，一般要求固化温度小于150℃，时间小于或等于20min；固化时不漫流，能承受焊接温度240～270℃高温冲击；绝缘性好，体积电阻率大于或等于$1×10^{13}\Omega\cdot cm$，具有良好的印刷型和被溶脱（清洗）性。

3.5.2.3　助焊剂

SMT对助焊剂的要求和选用原则基本上同通孔插装技术（THT），但要求更严格，使用更有针对性。

3.5.2.4　清洗剂

SMT的高密度安装使清洗剂的作用大大增加，目前常用的清洗剂有两类：CFC-113（三氟三氯乙烷）和甲基氟仿，实际使用时，还需加入乙酸脂、丙烯酸酯等稳定剂，以改善清理剂性能。

清洗方法有浸注清洗、喷淋清洗、超声波清洗以及汽相清洗等。

3.5.2.5　焊锡

焊锡通常由焊料合金粉末、助焊剂和溶剂（载体）组成，有松香型和水溶性两种。其特点是：良好的印刷性，印刷后不漫流，热熔时不飞溅，不外流；热熔后焊点牢固，无空白点；有足够的活性，焊后残余物易清洗。

3.5.2.6　焊膏

焊膏是由合金粉末、糊状焊剂均匀混合而成的一种膏状体它是SMT工艺中不可缺少的焊接材料。焊膏有两种，一种是松香型，它性能稳定，几乎无腐蚀性，也便于清洗；另一种是水溶性的，活性剂较强，清洗工艺复杂。一般生产厂家常用松香型。

3.5.3　表面安装工艺

SMT的核心是焊接，目前常用的焊接有两种，即波峰焊和再流焊。

3.5.3.1 波峰焊

这项工艺采用特殊的黏合剂，将表面安装元件粘贴在表面安装板（SMB）规定的位置上，待烘干后进行波峰焊接，其工艺流程图如图 3.11 所示。

图 3.11　波峰焊 SMT 工艺流程图

操作步骤如下。

（1）安装印制电路板

固定印制电路板在抽空吸盘上，以便准确点黏合剂和贴放元器件。

（2）点黏合剂

点黏合剂的目的是为了让元器件预先粘在印制电路板上，防止焊接时脱落，如图 3.12（a）所示。根据元器件大小选定涂黏合剂点的数量，小片子涂一个点，大片子涂 2～3 点，只要能胶住元器件即可，同时应注意黏合剂粘在元器件的主体部位，不可将黏合剂涂在印制电路板导体上。元器件被黏合剂固定在印制电路板上在经波峰焊焊接。点黏合剂常用的方法是针印法，针印法可单点涂布，若采用自动电黏合剂，可以通过编程进行群点涂布。

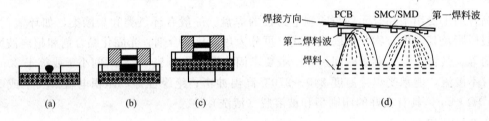

图 3.12　双波峰焊接示意图

（3）贴片

将元器件通过黏合剂贴在需焊接的焊点上，如图 3.12（b）所示。注意元器件的焊端一定要对准焊盘。

（4）固化

通过加热将黏合剂烘干，使元器件紧紧地粘在印制电路板上，如图 3.12（c）所示。以免焊接时元器件脱落。

（5）波峰焊接

在 SMT 的焊接中，一般采用双波峰焊接，如图 3.12（d）所示。因为单波峰焊接容易产生遮蔽效应和气压效应。

第一波峰是由高速喷嘴形成的管波峰，容易排出助焊剂蒸汽，克服遮蔽。第二波峰峰顶宽，速度慢，可去除过剩焊料，减少桥接和虚焊。

（6）清洗

焊接冷却，同样要清洗多余的助焊剂。

（7）检测

清洗完毕，仔细检查是否有焊点不符合要求。对不符合要求的焊点，可用手工进行修补。

3.5.3.2 再流焊

再流焊是 SMT 的主要焊接方法。其焊接过程是先将焊料加工成粉末，并加上液体黏合剂，使之成为一种膏状物，用焊膏涂在印制电路板规定的位置上，然后贴上元器件。经烘干后进行焊接。焊接时，通过加热的方法使焊膏中的焊料熔化而在此流动，完成焊接。再流焊又称重熔焊，其工艺流程如图3.13所示。

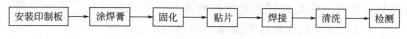

图 3.13　再流焊 SMT 工艺流程图

操作示意图如图 3.14 所示。

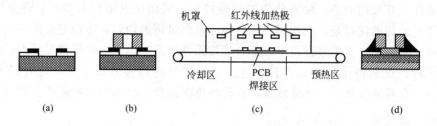

图 3.14　再流焊操作示意图

除了与波峰焊相同的工艺以外，还有如下几种工艺。

（1）涂焊膏

采用再流焊进行 SMT 表面安装，涂焊膏是必不可少的一步，如图 3.14(a) 所示。目的是将元器件粘在焊点上。值得注意的是：涂焊膏是涂在焊盘上，而点黏合剂却不能点在焊盘上，只能点在焊盘的空穴中。涂焊膏主要有两种方式：

① 丝网漏印法　利用丝网漏印原理，将焊膏涂于预先做好的印制电路板焊点上，然后再将元器件的锡焊点置于印制电路板的焊膏上，最后通过再流焊一次完成焊接。

丝网是在 80～200 目的不锈钢金属网上，涂覆一层感光乳剂，使其干燥称为感光膜。然后将负底片紧贴在感光膜上，用紫外线曝光，曝光的部分聚合称为持久的涂层，未曝光的部分用显影剂将其溶解掉，因此，在需要沉积焊膏、黏合剂的部位磁能构成漏孔，干燥后，不锈钢金属网上的感光膜就称为印制用网板。

② 自动点膏法　利用由计算机控制的机械手，按照事先编好的程序在印制电路板上的位置标上坐标，将焊膏涂上，再装上元器件，通过再流焊一次完成焊接。

（2）再流焊

再流焊的关键技术是加热，其加热方法有热风和热板加红外线加热、激光加热、汽相加热、热风循环加热和饱和蒸汽加热等。

① 红外线加热再流焊　目前最常用的红外线加热法，采用红外线辐射加热，升温速度可控，具有较好的焊接可靠性。远红外加热时，焊件热量 40% 来自红外辐射，60% 由热空气对流提供，近红外加热时则直接辐射热占 95% 以上。不足之处是材料不同，吸热不同，热波动较大。此外，由于没有热对流，印制电路板上未直接暴露在辐射热源的区域比直接暴露的区域温度低，从而引起加热不均匀，造成焊点虚焊、漏焊，这就是"遮蔽效应"。同时容易损伤基板和表面贴装器件（SMD），热敏元件要屏蔽起来。

再流焊系统分为三个区域，即预热区、焊接区、冷却区，其工作原理示意图如图 3.14(c) 所示。其工艺过程为：焊接组件随着传动机构均匀进入炉内，首先进入预热区，被焊接组件在 120～170℃ 的温度下预热约 3min，使焊接组件有时间进行温度平衡，减少热冲击，并除去焊膏中的低沸点溶剂。接着焊接组件进入焊接区，该区温度在 210～230℃ 左右，预敷在 PCB 上的焊膏熔化，浸润焊接面，时间大约 30s，最后焊接组件通过冷却区使焊膏冷却凝固，全部焊点同时完成焊接。

② 激光加热再流焊　它是利用激光的热能加热，集光性能好，适合局部焊接、高精度焊接，特别适用于维修时的局部拆焊和焊接，但设备价格昂贵。

③ 汽相加热再流焊　这种方法通过加热高沸点的惰性液体（如 FC－70，沸点 215℃）产生的饱和蒸汽加热焊料，使焊料重熔。其工作过程是：把介质的饱和蒸汽转变称为相同温度下的液体，释放出潜热，使膏状焊料熔融浸润，从而使电路板上的所有焊点同时完成焊接。汽相再流焊的优点是：汽相焊以传导为主，热量传递均匀，热稳定性高，受热均匀、温度精度高、无氧化、工艺过程简单，适合焊接柔性电路、插头、接焊件等异形组件。因此对热容量不同、组装密度高的元器件，这是一种较好的焊接方法。不足之处是升温速度快（40℃/s），介质液体及设备价格较高，氟化物价格昂贵而且有毒，对环境不利。

3.5.3.3　波峰焊与再流焊比较

再流焊与波峰焊相比，具有如下一些特点。

ⅰ. 再流焊不直接把电路板浸在熔融焊料中，因此元器件受到的热冲击小。

ⅱ. 再流焊仅在需要部位施放焊料。

ⅲ. 再流焊能控制焊料的施放量，避免了桥接等缺陷。

ⅳ. 焊料中一般不会混入不纯物，使用焊膏时，能正确地保持焊料的组成。

ⅴ. 当 SMD 的贴放位置发生偏离时，由于熔融焊料的表面张力作用，只要焊料的施放位置正确，就能自动校正偏离，使元器件固定在正常位置。

3.6　无锡焊接

无锡焊接是焊接技术的一个组成部分，包括接触焊、熔焊、导电胶粘等。无锡焊接的特点是不需要焊料和助焊剂即可获得可靠的连接，因而解决了清洗困难和焊接面易氧化的问题，在电子产品装配中得到了一定的应用。

3.6.1　压接

借助机械压力使两个或两个以上的金属物体发生塑性变形而形成金属组织一体化的结合方式称为压接，它是电线连接的方法之一。压接的具体方法是，先除去电线末端的绝缘包皮，并将它们插入压线端子，用压接工具给端子加压进行连接。压线端子用于导线连接，有多种规格可供选用。

压接具有如下特点。

① 操作简便　不需要熟练的技术，任何人、任何场合均可进行操作。

② 不需要焊料和焊剂　不仅节省焊接材料，而且接点清洁无污染，省去了焊接后的清洗工序，也不会产生有害气体，保证了操作者的身体健康。

③ 电气接触良好、耐高温和低温、接点机械强度高　一旦压接点损伤后维修也很方便，只需剪断导线，重新剥头再进行压接即可。

④ 应用范围广　压接除用于铜、黄铜外，还可用于镍、镍铬合金、铝等多种金属导体的连接。

压接虽然有不少优点，但也存在不足之处，如压接点的接触电阻较高，手工压接时有一定的劳动强度，质量不够稳定等。

3.6.2 绕接

绕接是利用一定压力把导线缠绕在接线端子上，使两金属表面原子层产生强力结合，从而达到机械强度和电气性能均符合要求的连接方式。

绕接具有如下特点。

ⅰ. 可靠性高。

ⅱ. 不使用焊料和焊剂。不会产生有害气体污染空气，避免了焊剂残渣引起的对印制板或引线的腐蚀，省去了清洗工作，同时节省了焊料、焊剂等材料，提高了劳动生产率，降低了成本。

ⅲ. 不需要加温。不会产生热损伤；锡焊需要加热，容易造成元器件或印制板的损伤。

ⅳ. 抗振能力大。绕接的抗振能力比锡焊大 40 倍。

ⅴ. 接触电阻比锡焊小。绕接的接触电阻在 $1m\Omega$ 以内，锡焊接点的接触电阻约为数毫欧。

ⅵ. 操作简单。对操作者的技能要求较低；锡焊则对操作者的技能要求较高。

3.6.3 穿刺

穿刺焊接工艺适合于以聚氯乙烯为绝缘层的扁平线缆和接插件之间的连接。先将连接的扁平线缆和接插件置于穿刺机上下工装模块之中，再将芯线的中心对准插座每个簧片中心缺口，然后将上模压下施行穿刺。插座的簧片穿过绝缘层，在下工装模的凹槽作用下将芯线夹紧。

第❹章
印制电路板的设计与制作工艺

印制电路板（PCB，printed circuit board）通常简称印制板或 PCB 板。在电子产品的研制开发过程中，印制电路板的设计是最重要的因素之一。熟悉印制电路板基本知识，掌握 PCB 基本设计方法和制作工艺，了解生产过程是学习电子工艺技术的基本要求。

4.1　印制电路板的基础知识

印制电路板是在单面覆铜板制作的基础上发展起来的，印制电路板的制作过程为：在覆铜板上用模板印刷防腐蚀膜图层，再腐蚀刻线，形成导电图形，这个过程如同在纸上印刷一样，因此称为印制电路板。

印制电路板技术的发展，一般以印制电路板上的线宽、孔径、板厚／孔径比值为代表。印制电路板的发展主要体现在其基板材料、制造工艺以及生产等方面的飞速发展上。从过去的单面板发展到双面板、多层板和挠性板，其精度、布线密度和可靠性的要求也在不断的提高。

4.1.1　印制电路板的材料与类型

制造印制电路板的主要材料是覆铜板。所谓覆铜板，就是经过粘接、热挤压工艺，使一定厚度的铜箔牢固地覆着在绝缘基板上。所用基板材料及厚度不同，铜箔与结合剂也各有差异，制造出来的覆铜板在性能上就有很大差别。印制电路板发展也就由原来的单面纸基覆铜板发展到环氧覆铜板、聚四氟乙烯覆铜板等。

常用印制电路板的种类如图 4.1 所示。

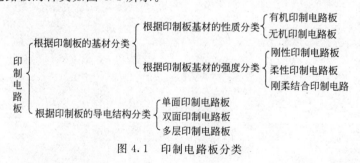

图 4.1　印制电路板分类

4.1.2　印制电路板设计前的准备

在印制电路板设计中应遵守一定的规范和原则。印制电路设计主要是排版设计，首先对电路原理及相关资料进行分析，熟悉原理图中出现的每一个元器件，之后确定覆铜板的板材、板厚、形状、尺寸及对外连接的方式并对电路的工作原理及性能进行分析，最后构建外形结构草图。

4.1.2.1 覆铜板板材、板厚、形状及尺寸的确定

① 选择板材 覆铜板的选用将直接影响电气的性能及使用寿命，因此在板材选用时，应根据不同的要求选择不同的板材。

② 印制板厚度的确定 在选择板的厚度时，主要根据印制板的尺寸和所选元器件的重量及使用条件等因素进行确定，选用时应尽量采用标准厚度值。

③ 印制板形状的确定 印制板的形状通常由整机外形结构和内部空间位置的大小决定，外形应该尽量简单，一般采用长宽比例不太悬殊的长方形，这样可简化成形加工。

④ 印制板尺寸的确定 印制板尺寸的确定要根据整机的内部结构和印制板上元器件的数量、尺寸、安装排列方式及间距等确定印制板的净面积，还应留出 5～10mm（单边）余量，以便于印制板在整机安装中固定。

4.1.2.2 选择对外连接方式

有些情况下，一块印制电路板是不能构成一个完整的电子产品的，这就存在印制板与印制板间、印制板与板外元器件之间的连接问题。要根据整机的结构选择连接方式，总的原则是：连接可靠，安装调试维修方便。

（1）焊接方式

① 导线焊接 一般焊接导线的焊盘尽可能放在印制板边缘。

② 排线焊接 它是将两块印制板之间采用排线焊接，不受两块印制板的相对位置限制。

③ 印制板之间直接焊接 直接焊接常用于两块印制板之间为 90°夹角的连接，连接后成为一个整体印制板部件。

（2）插接器连接方式

在较复杂的电子仪器设备中，为了安装调试方便，经常采用各种插接器的连接方式。设计时可根据插座的尺寸、接点数、接点距离、定位孔的位置设计连接方式。

这种连接方式的优点是可保证批量产品的质量，调试、维修方便。缺点是因为触点多，所以可靠性比较差。在印制板制作时，为提高性能，插头部分根据需要可进行覆涂金属处理。

适用于印制板对外连接的插头插座的种类很多，其中常用的几种为矩形连接器、口形连接器、圆形连接器等。一块印制电路板根据需要可有多种连接方式。

4.1.2.3 电路工作原理及性能分析

设计前必须对电路工作原理进行认真的分析，并了解电路的性能及工作环境，充分考虑可能出现的各种干扰，提出抑制方案。通过对原理图的分析应明确以下几点。

ⅰ. 找出原理图中可能产生的干扰源，以及易受外界干扰的敏感元器件。

ⅱ. 熟悉原理图中出现的每个元器件，掌握每个元器件的外形尺寸、封装形式、引线方式、端子排列顺序、功能及形状等，确定哪些元器件因发热而需要安装散热片并计算散热片面积，确定元器件的安装位置。

ⅲ. 确定印制板是单面板、双面板还是多面板。

ⅳ. 确定元器件安装方式、排列规则、焊盘及印制导线布线形式。

ⅴ. 确定对外连接方式。

4.2 印制电路板的设计

4.2.1 印制电路板设计的基础

4.2.1.1 整机印制板整体布局

这里主要指整机中印制板的布置,单板还是多板、多板如何分板、相互如何连接等。

① 单板结构是当电路较简单或整机电路功能唯一确定的情况下应用,可以采用单板结构;将所有元器件尽可能布设在一块印制板上。优点是:结构简单、可靠性高、使用方便。缺点是:改动困难、功能扩展、工艺调试、维修性差。

② 多板结构也称积木结构,是将整机电路按原理功能分为若干部分,分别设计为各自功能独立的印制板。这是大部分中等复杂程度以上电子产品采用的方式。分板原则如下。

ⅰ. 将能独立完成某种功能的电路放在同一板子上,特别是要求一点接地的电路部分尽量置于同一板内。

ⅱ. 高低电平相差较大,相互容易干扰的电路宜分板布置,例如电视机中电源与前置放大部分。

ⅲ. 电路分板部位,应选择相互之间连线较少的部位以及频率、阻抗较低部位,有利于抗干扰,同时又便于调试。多板结构的优缺点与单板结构正好相反。

4.2.1.2 元器件排列及安装尺寸

(1) 元器件排列方式。

元器件在印制板上的排列与产品种类和性能要求有关,常用的有以下三种方式。

① 随机排列 也称不规则排列。元器件轴线任意方向排列,如图 4.2 用这种方式排列元件,看起来杂乱无章,但由于元件不受位置与方向的限制,因而印制导线布设方便,并且可以做到短而少。使版面印制导线大为减少,这对减少线路板的分布参数,抑制干扰,特别对高频电路及音频电路有利。

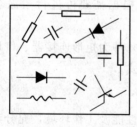

图 4.2 不规则排列

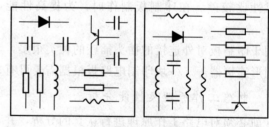

图 4.3 坐标排列

② 坐标排列 也称规则排列,元器件轴线方向排列一致,并与板的四边垂直平行,如图 4.3 所示,电子仪器中常用此种排列方式。这种方式元件排列规范,版面美观整齐。对于安装调试及维修均较方便。但由于元器件排列要受一定方向或位置的限制,因而导线布设要复杂一些,印制导线也会相应增加,这种排列方式常用于板面宽裕、元器件种类少数量多的低频电路中。元器件卧式安装时一般均以规则排列为主。

③ 栅格(网格)排列 与坐标排列类似但板上每一个孔位均在栅格交点上,如图 4.4 所示。栅格为等距正交网格,目前通用的栅格尺寸为 2.54mm,在高密度布线中也用

1.17mm 或更小尺寸。栅格排列方式元件整齐美观，便于测试维修，特别有利于机械化、自动化作业。

（2）元器件安装尺寸

① IC 间距　设计 PCB 时常采用一种特殊的单位：IC 间距，1 个 IC 间距为 0.1in，即 2.54mm，标准双列直插封装（DIP）集成电路端子间距和列间距及晶体管等引线尺寸均为 2.54 的倍数，设计 PCB 时尽可能采用这个单位可以使安装规范，便于 PCB 加工和检测。

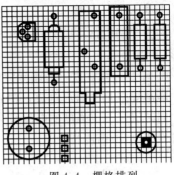

图 4.4　栅格排列

当不同种类元器件混合排列时，相互之间距离亦以 IC 间距为参考尺寸。

② 软尺寸与硬尺寸　在元器件安装到印制板上时，一部分元器件如普通电阻、电容、小功率三极管、二极管等，对焊盘间距要求不很严格，（见图 4.5）称之为软引线尺寸，另一部分元器件，如大功率三极管、继电器、电位器等，引线不允许折弯，对安装尺寸有严格要求（图 4.6），我们称这一类元器件为硬引线尺寸。

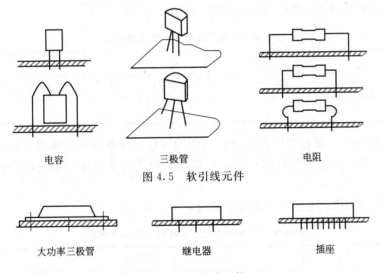

图 4.5　软引线元件

图 4.6　硬引线元件

虽然软尺寸元器件对安装尺寸要求不严格，但为了元器件排列整齐，装配规范以及适应元器件成型设备的使用，设计应按最佳跨度选取，表4.1、表4.2是常用电阻及电解电容安装尺寸，其余类型元器件可按其外形尺寸相应确定最佳安装尺寸。

表 4.1　常用金属膜电阻安装跨距（一）

功率 W	0.125	0.25	0.5	1	2
最佳跨距/（mm/in）	10/0.4	10/0.4	15/0.6	17.5/0.7	25/1.0
最大跨距/（mm/in）	15/0.6	15/0.6	25/1.0	30/1.2	35/1.4

表 4.2　常用金属膜电阻安装跨距（二）

电容器直径/mm	4	5	6	8	10,13	16,18
最佳跨距/mm	1.5	2	2.5	3.5	5	7.5

4.2.1.3 印制电路

称为印制电路是因为这一部分内容不仅涉及印制导线，也包括印制元件和大面积接地图形。

① 印制导线宽度　印制导线的宽度由该导线工作电流决定。

印制导线是由铜箔组成，尽管铜是一种良导体，但毕竟有一定电阻，且电阻随温度变化，同时流过一定强度的电流又会引起导线温度升高。表 4.3 是同样规格印制导线温度/电阻特性和电流/温度特性。

表 4.3　印制导线平均电阻

序号	试验条件	电阻/(Ω/m)	序号	试验条件	电阻/(Ω/m)
1	正常条件	0.306	4	温度＋50℃,10h	0.341
2	温度＋40℃,相对湿度95％,48h	0.326	5	温度＋100℃,2h	0.385
3	温度−60℃,10h	0.196			

注：导线宽 1.5mm，厚 50μmm。

印制导线宽度与最大工作电流的关系见表 4.4。

表 4.4　印制导线最大允许工作电流

导线宽度/mm	1	1.5	2	2.5	3	3.5	4
导线面积/mm²	0.05	0.075	0.1	0.125	0.15	0.175	0.2
导线电流/A	1	1.5	2	2.5	3	3.5	4

② 导电图形间距　相邻导电图形之间的间距（包括印制导线、焊盘、印制元件）由它们之间电位差决定。印制板基板的种类，制造质量及表面涂覆都影响导电图形间安全工作电压。

表 4.5 给出的间距及电压参考值在一般设计中是安全的。

表 4.5　印制导线间距及最大允许工作电压

导线间距/mm	0.5	1	1.5	2	3
工作电压/V	100	200	300	500	700

③ 印制导线走向与形状　印制电路板布线，"走通"是最起码要求，"走好"是经验和技巧的表现。图 4.7 是导线走向与形状的部分实例。实际设计时要根据具体电路条件选择，但以下几条准则是各种条件均适用的。

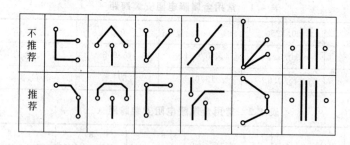

图 4.7　印制导线走向与形状

ⅰ. 以短为佳，能走捷径就不要绕远。

ⅱ. 走线平滑自然为佳，避免急拐弯和尖角。

ⅲ. 公共地线应尽可能多地保留铜箔。

ⅳ. 印制板上大面积铜箔应镂空成栅状，导线宽度超过 3mm 时中间留槽，以利于印制板涂覆铅锡及波峰焊。

ⅴ. 为增加焊盘抗剥强度，根据安装需要可设置工艺线，它不担负导电作用。

4.2.1.4　焊盘与孔

（1）焊盘

① 焊盘形状　按其形状可分为岛形、圆形、方形、椭圆形、滴泪式、开口、矩形、多边形和异形孔焊盘。

ⅰ. 岛形焊盘，如图 4.8(a) 所示：焊盘与焊盘间的连线合为一体，犹如水上小岛，故称岛形焊盘。常用于元件的不规则排列与安装。这种焊盘利于元器件密集固定，并可大量减少印制导线的长度和数量，能在一定程度上抑制分布参数对电路造成的影响。此外，焊盘与印制线合为一体后，铜箔面积加大，使焊盘和印制导线的抗剥强度增加，因而能降低选用覆铜板的档次，降低产品成本。

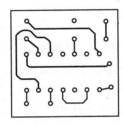

(a) 岛形	(b) 圆形	(c) 方形

图 4.8　焊盘（一）

ⅱ. 圆形焊盘，如图 4.8(b) 所示：焊盘与穿线孔为同心圆。其外径一般为 2～3 倍孔径。设计时，如板的密度允许，焊盘不宜过小，因为太小则在焊接中极易脱落。圆形焊盘多在元件规则排列中使用，双面印制板也多采用圆形焊盘。

ⅲ. 方形焊盘，如图 4.8(c) 所示：印制板上元器件大而少且印制导线简单时多采用这种设计形式，这种设计形式简单、精度要求低。在一些手工制作的印制板中，常用这种方式，因为只需用刀刻断或刻掉一部分铜箔即可，制作简单，易于实现。在一些大电流的印制板上也多用此形式，它可获得大载流量。

ⅳ. 椭圆焊盘，如图 4.9(a) 所示：这种焊盘既有足够的面积增强抗剥能力，又在一个方向上尺寸较小有利于中间走线。常用于双列直插式器件或插座类元件。

ⅴ. 泪滴式焊盘，如图 4.9(b) 所示：这种焊盘与印制导线过渡圆滑，在高频电路中有利于减少传输损耗，提高传输速率。

ⅵ. 开口焊盘，如图 4.9(c) 所示：开口的作用为了保证在波峰焊后，使手工补焊的焊盘孔不被焊锡封死。

ⅶ. 矩形焊盘、多边形焊盘和异形孔焊盘如图 4.10 所示。图 4.10(a) 与（b）中矩形（常用正方形）和多边形（常见八边形）焊盘一般用于某些焊盘外径接近而孔径不同的焊盘相互区别，便于加工和装配。图 4.10(c) 异形孔焊盘主要用于安装片状引线的元器件，如

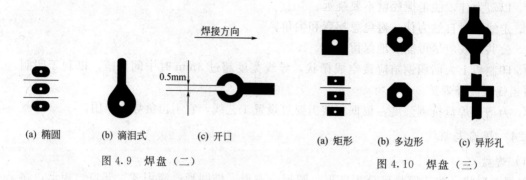

(a) 椭圆   (b) 滴泪式   (c) 开口   (a) 矩形   (b) 多边形   (c) 异形孔

图 4.9　焊盘（二）   图 4.10　焊盘（三）

收音机中周的外壳，音频插座的引线等。

② 焊盘外径　对单面板而言，焊盘抗剥能力较差，焊盘外径应大于引线孔 1.5mm 以上，即如果焊盘外径为 D，引线孔为 d，则有 $D \geqslant (d+1.5)$mm。

对双面板而言，$D \geqslant (d+1.0)$mm 并参照表 4.6。

表 4.6　圆形焊盘最小允许直径

引线孔径/mm	0.5	0.6	0.8	1.0	1.2	1.6	2.0
最小允许直径/mm	1.5	1.5	2	2.5	3.0	3.5	4.0

在高密度精密板上，由于制作要求高，焊盘最小外径可为 $D = (d+0.7)$mm 或者更小。以上是对圆形焊盘而言的，其他种类可参考圆焊盘确定。

（2）孔的设计

ⅰ. 引线孔有电气连接和机械固定双重作用，孔过小不仅安装困难，焊锡不能润湿金属孔，孔过大容易形成气孔等焊接缺陷。若元器件引线直径为 d_1，引线孔径为 d，则 $d_1 + 0.2 \leqslant d \leqslant d_1 + 0.4$(mm) 通常取 $d = (d_1 + 0.3)$mm。

ⅱ. 过孔也称连接孔，作用仅为不同层间电气连接。尺寸越小则布线密度越高，一般电路过孔直径可取 0.6～0.8mm，高密度板可减小到 0.4mm，甚至用盲孔方式，即过孔完全用金属填充。过孔的最小极限受制板厂技术设备条件的制约。

ⅲ. 安装孔用于固定大型元器件和印制板，按照安装需要选取，优选系列为 2.2、3.0、3.5、4.0、4.5、5.0、6.0，最好排列在坐标格上。

ⅳ. 定位孔是印制板加工和检测定位用的。可以用安装孔代替。亦可单设，一般采用三孔定位方式，孔径根据装配工艺确定。

4.2.2　印制电路板设计的要求

4.2.2.1　印制板基础要求

① 正确　这是印制板设计最基础、最重要的要求，准确实现电原理图的连接关系，避免出现"短路"和"断路"这两个简单而致命的错误。

② 可靠　这是 PCB 设计中较高一层的要求。连接正确的电路板不一定可靠性好，例如板材选择不合理，板厚及安装固定不正确，元器件布局布线不当等都可能导致 PCB 不能可靠的工作，早期失效甚至根本不能正确工作。

③ 合理　这是 PCB 设计中更深一层要求。一个印制板组件，从印制板的制造、检验、装配、调试到整机装配、调试，直到使用维修，无不与印制板设计的合理与否息息相关，例

如板子形状选的不好加工困难，引线孔太小装配困难，没留测试点调试困难，板外连接选择不当、维修困难等。它需要设计者的责任心和严谨的作风，以及在实践中不断总结、提高。

④ 经济 经济性与多种因数有关，设计者要根据不同的侧重点综合考虑经济指标。

4.2.2.2 印制板设计要求

（1）设计入门——单线不交叉图

对较简单的电路（一般元件数少于 30～50）可采用绘单线不交叉图的方法设计印制板。这种方法简单易学且不易出错，特别适合初学者和非专业设计人员。具体步骤及方法如下。

ⅰ.将原理图中应放置于板上的电路图根据信号流向或排版方向依次画到板面上，集成电路要画封装端子图。

ⅱ.按原理图将各元器件端子连接，对导线交叉处可用两种方法避免交叉。一是可以利用元器件中间跨越；二是用跨接线跨越（参见图 4.11）。

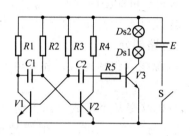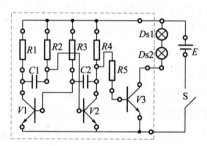

图 4.11 单面不交叉图

对于可用单面加少量跨接线布通的电路，尽量选用单面板布线，只有电路较复杂才用双面板。显然双面板布线要容易，因为可利用板子另一面印制导线作跨接线。

单面板上设置跨接线时要注意：尽可能短、尽可能少、同一板上跨接线长度尽可能归为一种或两三种。

（2）设计布局

布局就是将电路元器件放在印制板布线区内，布局是否合理不仅影响后面的布线工作，而且对整个电路板的电气性能有重要作用。下面介绍的布局要求、原则、安放顺序和方法，无论手工设计还是 CAD，专业还是业余，模拟电路还是数字电路都是适用的。

① 布局要求 主要有以下几个方面。

ⅰ.首先要保证电路功能和性能指标。

ⅱ.在此基础上满足工艺性、检测、维修方面的要求。

ⅲ.适当兼顾美观性。元器件排列整齐，疏密得当。

工艺性包括元器件排列顺序、方向、引线间距等生产方面的考虑，在批量生产以及采用自动插装机时尤为突出。考虑到印制板检测时信号注入或测试，设置必要的测试点或调整空间以及有关元器件的替换维护性能等。

② 布局原则 即就近原则，当板上对外连接确定后，相关电路部分应就近安放，避免走远路，绕弯子，尤其忌讳交叉穿插；信号流原则，接电路信号流向布放，避免输入输出，高低电子部分交叉；散热原则，有利于发热元器件散热。

③ 布放顺序　即先大后小，先安放占面积较大的元器件；先集成后分立；先主后次，多块集成电路时先放置主电路。

④ 布局方法　主要有实物法、模板法和经验对比法。

ⅰ. 实物法。将元器件和部件样品在1∶1的草图上排列，寻找最优布局。这是最简单、最可靠的方法，实际应用中一般是将关键的元器件或部件实物作为布局依据。

ⅱ. 模板法。有时实物摆放不方便或没有实物，可按样本或有关资料制作主要元器件部件的图样模板，用以代替实物进行布局。以上两种方法适合初学者。

ⅲ. 经验对比法。根据经验参照可对比的已有印制电路板对新设计布局。这种方法适合有一定设计经验的工作人员。

（3）设计布线

布线是按照原理图要求将元器件和部件通过印制导线连接成电路。这是印制板设计中的关键步骤，具体布线要把握以下要点。

① 连接要正确　保证所有连接正确不是一种容易的事，特别是较复杂的电路，利用CAD先进手段再加上必要的校对检查可以将失误减到尽可能小的程度。

② 走线要简捷　除某些兼有印制元件作用的连线外。所有印制板连线都力求简捷，尽可能使走线短、直、平滑，特别是低电平、高阻抗电路部分。

③ 粗细要适当　两种线必须保证足够宽度：电源线（包括地线）和大电流线；特别是地线，在版面允许的条件下尽可能宽一些。

进入布线阶段时往往发现布局方面的不足，例如改变某个集成电路方向可使布线更简单，加大某两个元件的距离可使布线"柳暗花明又一村"等。因此，一般情况下布线和布局有一两次反复是正常的，有些复杂电路要反复三四次甚至更多，才能获得比较满意的效果。

印制板加工技术要求：设计者将图纸（或设计图软盘）交给制板厂时需提供附加技术说明，一般通称技术要求。技术要求一般写在加工图上，也可直接写到线路图或加工合同中。

技术要求必须包括：

ⅰ. 外形尺寸及误差；

ⅱ. 板材、材厚；

ⅲ. 图纸比例；

ⅳ. 孔径表及误差；

ⅴ. 镀层要求；

ⅵ. 涂层要求（阻焊层、助焊剂）。

4.2.3　印制电路板设计的技巧

4.2.3.1　印制板散热设计

设计印制板，必须考虑发热元器件，怕热元器件及热敏感元器件的分板，板上位置及布线问题。常用元器件中，电源变压器、功率器件、大功率电阻等都是发热元器件（以下均称热源），电解电容是典型的怕热元件，几乎所有半导体器件都有不同程度的温度敏感性，印制板热设计基本原则是：有利于散热，远离热源。具体设计中可采用以下措施：

① 热源外置　将发热元器件移到机壳之外，并利用机壳（金属外壳）散热。

② 热源单置　将发热元件单独设计为一个功能单元，置于机内靠近边缘容易散热的位置，必要时强制通风。

③ **热源上置**　指必须将发热元器件和其他电路设计在一块板上时，尽量使热源设置在印制板的上部。有利于散热且不易影响怕热元器件。

④ **热源高置**　指发热元器件不宜贴板安装。如图 4.12(a) 所示，留一定距离散热并避免印制板受热过度。

⑤ **散热方向**　指发热元件放置要有利于散热，如图 4.12(b) 所示。

⑥ **远离热源**　指怕热元件及热敏感元器件尽量远离热源，躲开散热通道，如图 4.12(c) 所示。

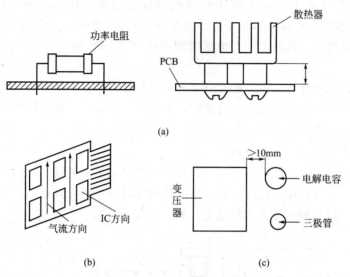

图 4.12　散热设计

⑦ **热量均衡**　将发热量大的元器件置于容易降温之处，即将可能超过允许温升的器件置于空气流入口外，如图 4.13 所示，LSI 较 SSI 功耗大，超温则故障率高，图 4.13(b) 的设置使其温升较图 4.13(a) 低，使整个电路高温下降，热量均匀。

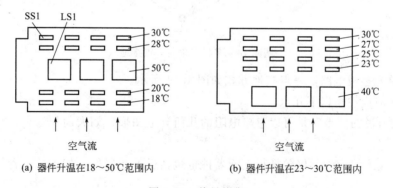

(a) 器件升温在18~50℃范围内　　　　(b) 器件升温在23~30℃范围内

图 4.13　热量均衡

⑧ **引导散热**　为散热添加某些与电路原理无关的零部件。采用强制风冷的印制板，人为添加了"紊流排"使靠近元件处产生涡流而增强了散热效果。由于空气流动时选阻力小的路径，因此人为设置改变气流使散热效果改善。

4.2.3.2　印制板地线设计

地线设计是印制板布线设计的重要环节，不合理的地线设计使印制板产生干扰，达不到设计指标，甚至无法工作。

（1）一个基本概念——地线阻抗

地线既是电路中电位的参考点，又是电流公共通道。地电位理论上是零电位，实际上由于导线阻抗的存在，地线各处电位不都等于零。

例如印制板上宽度为 1.5mm，长 50mm 的地线铜箔，若铜箔厚为 0.05mm，则这段导线电阻为 0.013Ω，若流过这段地线电流为 2A，则这段地线两端电位差为 26mV，在微弱信号电路中，这 26mV 足以干扰信号正常工作。

在高频电路中（几十兆以上频率）导线不仅有电阻，还有电感。以平均自感量为 $0.8\mu H/m$ 进行计算，50mm 长的地线上自感为 $0.04\mu H$，若电路工作频率为 60MHz，则感抗为 16Ω，在这段地线上流过 10mA 电流时即可产生 0.16V 的干扰电压。它足以将有用信号淹没。

可见，对印制板设计者来说，地线只要有一定长度就不是一个处处为零的等电位点。地线不仅是必不可少的电路公共通道，又是产生干扰的一个渠道。如同修筑一条道路带来交通便利的同时也带来污染一样。

（2）一个基本原则——一点接地

一点接地是消除地线干扰的基本原则。在该放大单元上所有接地元器件应在一个接地点上与地线连接。实际设计印制板时，应将这些接地元器件尽可能就近接到公共地线的一段或一个区域内，也可以接到一个分支地线上，如图 4.14 所示。

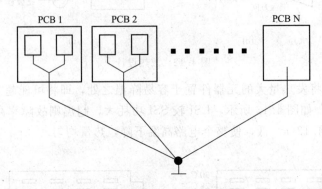

图 4.14　多板多单元一点接地

一般多单元多板电路，一点接地方式如图 4.14 所示。

具体布线时应注意以下几点。

ⅰ．这里所说的"点"是可以忽略电阻的几何导电图形，如大面积接点，汇流排、粗导线等。

ⅱ．一点接地的元件不仅包括板上元器件也包括板外元器件，如大功率管、电位器等接地点。

ⅲ．一个单元电路中接地元器件较多时可采用几个分地线，这些分地线不可与其他单元地线连接。

ⅳ．高频电路不能采用分地线，而要用大面积接地方法。

（3）几种板内地线布线方式

① 并联分路式　一块板内有几个子电路（或几级电路）时各子电路（各级）地线分别设置，并联汇集到一点接地，图 4.15(a) 所示电路含有 4 个子电路，且 3，4 子电路信号弱

于1,2,采用并联分路式地线如图。图4.15(b)为多单元数字电路地线形式。

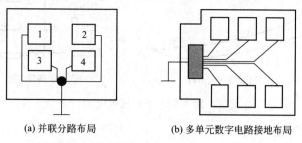

(a) 并联分路布局　　　　(b) 多单元数字电路接地布局

图4.15　印制板地线设计（一）

② 汇流条式　在高速效字电路中，可采用图4.16(a)所示汇流排方式布设地线。这种汇流排是由0.3～0.5mm铜箔板镀银而成，板上所有IC地线与汇流排接通。由于汇流排直流电阻很小，又具有条形对称传输线的低阻抗特性，可以有效减小干扰，提高信号传输速度。

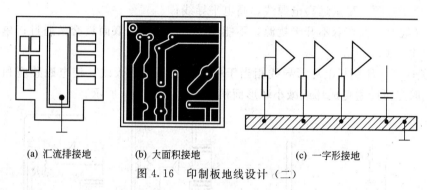

(a) 汇流排接地　　　　(b) 大面积接地　　　　(c) 一字形接地

图4.16　印制板地线设计（二）

③ 大面积接地　如图4.16(b)所示，在高频电路中将所有能用面积均布设为地线。这种布线方式元器件一般都采用不规则排列并按信号流向依次布设，以求最短的传输线和最大面积接地。

④ 一字形地线　一块板内电路不复杂时采用一字形地线较为简单明了。图4.16（c）所示为多级放大电路一字形地线布线，注意地线应有足够宽度且同一级电路接地点尽可能靠近，总接地点在最后一级。

4.2.3.3　电磁干扰及抑制

（1）电磁干扰的产生

印制电路板使元器件密集，导线规范。如果设计不合理会产生电磁干扰，使电路性能受到影响，甚至不能正常工作。电磁干扰有以下三种形式。

① 平行线效应　根据传输理论，平行导线之间存在电感效应、电阻效应、电导效应、互感效应和电容效应。图4.17表示，两根平行导线AB和CD之间等效电路。一根导线上的交变电流必然影响另一导线，从而产生干扰。

② 天线效应　由无线电理论可知，一定形状的导体对一定波长的电磁波可实现发射或接收。印制板上的印制导线，板外连接导线，甚至元器件引线都可能成为发射或接收干扰信号（噪声）的天线。这种天线效应在高频电路的印制板设计中尤其不可忽视。

③ 电磁感应　这里主要指电路中磁性元件，如扬声器、电磁铁、永磁表头等产生的恒定磁场以及变压器，继电器等产生的交变磁场，对印制板产生的影响。

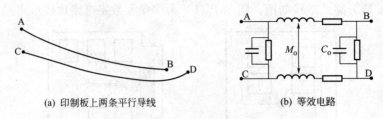

(a) 印制板上两条平行导线　　　　　　(b) 等效电路

图 4.17　平行线效应

（2）电磁干扰的抑制

电磁干扰无法完全避免，我们只能在设计中设法抑制。常用方法有如下几种。

① 容易受干扰的导线布设要点　通常低电平、高阻抗端的导线容易受干扰，布设时应注意：

ⅰ. 越短越好，平行线效应与长度成正比；

ⅱ. 顺序排列，按信号去向顺序布线，忌迂回穿插；

ⅲ. 远离干扰源，尽量远离电源线，高电平导线；

ⅳ. 交叉通过，实在躲不开干扰源，不能与之平行走线。双面板交叉通过；单面板飞线过度，如图 4.18(a) 所示。

② 避免成环　印制板上环形导线相当于单匝线圈或环形天线，使电磁感应和天线效应增强。布线时尽可能避免成环或减小环形面积，如图 4.18(b) 所示。

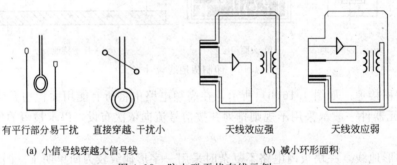

有平行部分易干扰　　直接穿越、干扰小　　　天线效应强　　　天线效应弱

(a) 小信号线穿越大信号线　　　　　(b) 减小环形面积

图 4.18　防电磁干扰布线示例

③ 反馈布线要点　反馈元件和导线连接输入和输出，布设不当容易引入干扰，如图 4.19(a) 所示。由于反馈导线越过放大器基极电阻，可能产生寄生耦合，影响电路工作，如图 4.19(b) 所示。电路布设将反馈元件置于中间，输出导线远离前级元件，避免干扰。

④ 设置屏蔽地线　印制板内设置屏蔽地线有以下几种形式。

ⅰ. 大面积屏蔽地线，注意此处地线不要作信号地线，单纯作屏蔽用。

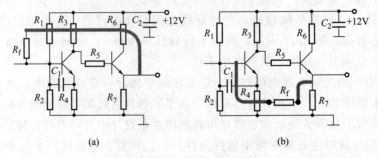

(a)　　　　　　　　　　　　　(b)

图 4.19　放大器反馈布线

ⅱ. 专置地线环，设置地线环避免输入线受干扰。这种屏蔽地线可以单侧、双侧，也可在另一层。

ⅲ. 采用屏蔽线，高频电路中，印制导线分布参数对信号影响大且不容易阻抗匹配，可使用专用屏蔽线。

⑤ 远离磁场减少耦合　对干扰磁场首先设法远离，其次布线时尽可能使印制导线方向不切割磁力线，最后可考虑采用无引线元件以缩短导线，避免引线干扰。

⑥ 设置滤波去耦电容　为防止电磁干扰通过电源及配线传播，在印制板上设置滤波去耦电容是常用方法。这些电容通常在电原理图中不反映出来。

这种电容一般有如下两类。

ⅰ. 在印制板电源入口处一般加一个大于 $10\mu F$ 的电解电容器和一只 $0.1\mu F$ 的陶瓷电容器并联。当电源线在板内走线长度大于 100mm 应再加一组电容。

ⅱ. 在集成电路电源端加 $0.1\mu F \sim 680pF$ 之间的陶瓷电容器，尤其多片数字电路 IC 更不可少。注意电容必须加在靠近 IC 电源端处且与该 IC 地线连接。

电容量根据 IC 速度和电路工作频率选用。速度越快，频率越高，电容量越小，且须选用高频电容。

4.2.4　印制电路板设计的过程和方法

印制电路板设计也称印制板排版设计，通常包括以下过程：

ⅰ. 设计准备；

ⅱ. 外形及结构草图；

ⅲ. 设计入门——不交叉图绘制；

ⅳ. 布局；

ⅴ. 布线；

ⅵ. 制板底图与绘制；

ⅶ. 加工工艺图及技术要求。

由于电路复杂程度不同。产品用途及要求不同，设计手段不同，设计过程及方法也不同，例如采用 CAD 时一般不需要ⅲ；但设计原则和基本思路在所有设计中都是相同的。

4.2.4.1　设计准备及外形结构草图

（1）设计准备

进入印制板设计阶段时认为整机结构、电路原理、主要元器件及部件、印制电路板外形及分板、印制板对外连接等内容已基本确定（注意这里说的是"基本"，因为在印制板设计过程中某些因素可能会改变）。

（2）外形结构草图

外形结构草图包括印制板对外连接图和尺寸图两部分，无论采用何种设计方式，都是不可省略的步骤。

ⅰ. 对外连接草图是根据整机结构和分板要求确定的。一般包括电源线、地线、板外元器件的引线，板与板之间连接线等，绘制草图时应大致确定其位置和排列顺序。若采用接插件引出时，要确定接插件位置和方向，图 4.20 是温度控制器电路板的板外连接草图。

ⅱ. 印制板外形尺寸草图印制板外形尺寸受各种因素制约，一般在设计时已大致确定，从经济性和工艺性出发，优先考虑矩形，印制板的安装、固定也是必须考虑的内容，印制板与机壳或其他结构件连接的螺孔位置及孔径应明确标出。此外，为了安装某些特殊元器件或插接，定位用的孔、槽等几何形状的位置和尺寸也应标明。

图 4.21 是计算机上一种插卡的外形尺寸草图。对于某些较简单的印制板，上述两种草图也可合为一种图。

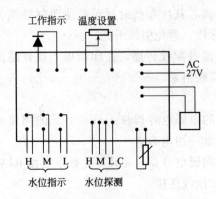

图 4.20　板外连接草图示例（温控器）

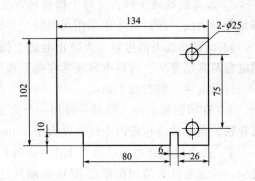

图 4.21　外形尺寸草图示例（接口板）

4.2.4.2　制版底图绘制及制板工艺图

（1）制版底图绘制

印制板设计定稿以后，在投入生产制造时必须将设计图转换成符合生产要求的 1∶1 原版底片（也称原版胶片或制版底片）。获取原版底片的方式与设计手段有关，图 4.22 是目前使用的几种方式示意图。

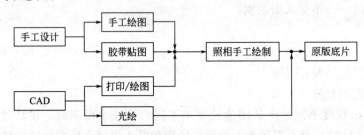

图 4.22　制取原版底图几种方式

由图可见，除光绘可直接获得原版底片外，采用其他方式时都需要照相制版，用于照相的底图称为制版底图，也叫黑白图或黑白底图，可通过手工绘图、贴图或计算机绘图等方法绘制。

① 手工绘图　手工绘图是在铜板纸上用墨汁按 4∶1～1∶1（通常 2∶1）的比例绘出黑白图。这种原始手段目前已极少使用。

② 手工贴图　用不干胶带和干式转移胶粘焊盘制作黑白图，由于可预制图形且胶带粘贴后可修改，故效率和质量都高于手工绘图。随着计算机普及和 CAD 技术推广，这种方法也很少用。

③ 计算机绘图——打印或绘图机绘制　利用打印机打印的黑白图在要求不高的情况下完全可替代手工图。随着喷墨打印和激光打印机的普及，打印出的图具有较高质量。绘图机用于绘制较大幅面的图。

④ 光绘　使用计算机和光绘机，直接绘制出原版底片，这种方法精确度高，但设备价格较贵。

（2）制板工艺图

① 线路图　线路图为区别其他印制板制作工艺图，一般将导电图形和印制元件组成的图称为线路图。

除线路图外，还有其他几种印制板加工图，根据印制板种类和加工要求，可以要求一两种或全部。

② 机械加工图　外形尺寸及定位要求高的印制板应绘制单独的机械加工图，标明板子外形尺寸、孔位和孔径及形位公差，使用材料，工艺要求以及其他说明。图 4.23 是机械加工图的例子。

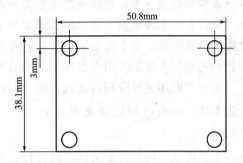

图 4.23　印制板机械加工图

③ 字符标记图　为了装配和维修方便，常将元器件标记、图形或字符印制到板子上，称为字符标记图，因为常采用丝印的方法，所以也称丝印图。图 4.24 是丝印图的例子。

丝印图字符、图形没有统一标准。手工绘制时可按习惯绘制。采用 CAD 时凡元件库中元器件均包含丝印图形和字符，可通过制版照相或光绘获得底片。丝印图的比例、绘图要求与线路图相同，丝印图不仅印在元件面上，也可两面都印。

④ 阻焊图　采用机器焊接 PCB 时，为防止焊锡在非焊盘区桥接而在印制板焊点以外的区域印制一层阻止锡焊的涂层（绝缘耐锡焊涂料）或干膜，这种印制底图称为阻焊图，由印制板上全部焊点形状对应，略大于焊盘的图形构成，如图 4.25 所示。

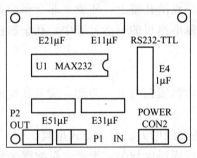

图 4.24　印制板丝印图

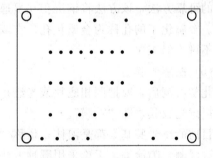

图 4.25　印制板阻焊图

阻焊图可手工绘制，采用 CAD 时可自动生成标准阻焊图，获得底片方式与线路图一致。

4.3　印制电路板的制作工艺

4.3.1　印制电路板制作工艺的简介

根据电子产品制作的需要，通常有单面印制电路板、双面印制电路板和多面印制电路板。不同印制板具有不同的工艺流程。在这里主要介绍的是最常用的单、双面印制板的工艺流程。

4.3.1.1 单面印制板的生产流程

覆铜板下料→表面去油处理→上胶→曝光→成形→表面涂覆→涂助焊剂→检验

单面板工艺简单，质量易于保证。

4.3.1.2 双面印制板的生产流程

下料→钻孔→化学沉铜→擦去表面沉铜→电镀铜加厚→贴干膜→图形转移→二次电镀加厚→镀铅锡合金→去保护膜→涂覆金属→成形→热熔→印制阻焊剂与文字符号→检验

双面板与单面板的主要区别在于增加了孔金属化工艺，孔金属化工艺是为实现两面印制电路的电气连接。由于孔金属化的工艺方法较多，相应双面板的制作工艺也有多种方法。其中较为先进的方法是采用先腐蚀后电镀的图形电镀法。

由于双面印制板应用得比较普遍。下面将双面印制板的生产工艺逐一予以介绍。

4.3.1.3 双面印制板的主要生产工艺

（1）选材

是指根据不同的需要选择不同材料、不同厚度的覆铜板。

（2）下料

是按照所需要的印制电路板的大小。将覆铜板切割成所需要的大小。

（3）钻孔

通常是根据 PCB 印制电路板的要求。用相应的小型数控机床来"钻孔"。钻孔前先对覆铜板进行定位，然后数控机床根据事先设计好的位置对覆铜板进行打孔。

（4）孔壁镀铜（孔金属化）

钻完孔后，要对孔壁进行镀铜，也称为"孔金属化"。孔金属化是连接双面板两面导电图形的可靠方法，该方法将铜沉积在贯通两面导线或焊盘的孔壁上，使原来非金属的孔壁金属化。金属化了的孔称为金属化孔。在双面和多层印制电路板的制造过程中，孔金属化是一道必不可少的工序。

（5）贴感光膜

化学沉铜后，要把照相底片或光绘片上的图形转印到覆铜板上，为此，应先在覆铜板上贴一层感光胶膜，即"贴膜"。

目前的感光胶基本都是液体，俗称"湿膜"，上感光胶的方法有离心式甩胶、手工涂覆、滚涂、浸蘸、喷涂等。无论采用哪种方法，都应该使胶膜厚度均匀，否则会影响曝光效果。

覆铜板在贴了液态感光胶后先要在一定温度下烘干。覆铜板烘干后，才可以把照相底片或光绘片贴在覆铜板上进行图形转印。

（6）底图胶片的制取

在印制板的生产过程中，无论采用什么方法都需要使用符合质量要求的 1：1 的底图胶片（也叫原版底片）。获得底图胶片通常有两种基本途径：一种是先绘制黑白底图，再经过照相制版得到；另一种是利用计算机辅助设计系统和光学绘图机直接绘制出来。

（7）图形转移

图形转移是把相版上的印制电路图形转移到覆铜板上，称为图形转移。具体方法有丝网漏印、光化学法等。

（8）去膜蚀刻

图形转移后，覆铜板上需留下的铜箔表面已被抗蚀层保护起来，未被保护的部分则需要通过化学蚀刻将其除去，以便得到印有电路图形的印制电路板。这就需要"去膜蚀刻"。蚀刻是用化学方法或电化学方法去除基材上的无用导电材料，从而形成印刷图形的工艺。

常用的蚀刻溶液为三氯化铁（$FeCl_3$）。它蚀刻速度快，质量好，溶铜量大，溶液稳定，价格低廉。

（9）表面涂覆

为提高电路板的导电、可焊、耐磨、装饰等性能，提高其电气连接的可靠性，延长印制电路板的使用寿命，一般可以在印制电路板图形铜箔上涂覆一层金属。常用的金属涂覆材料有金、银和铅锡合金等。镀金可以增加电路板接触部分的耐磨性和装饰性，但成本高；镀银可以增加电路连接的导电性，其电路的可焊性、耐磨性和装饰性也较好，但成本也比较高；镀铅锡合金的目的主要是增加其可焊性，成本较低。

涂覆方法可用电镀或化学镀两种：

ⅰ．电镀法可使镀层致密、牢固、厚度均匀可控，但设备复杂、成本高，此法用于要求高的印制板和镀层，如插头部分镀金等；

ⅱ．化学镀虽然设备简单、操作方便、成本低，但镀层厚度有限且牢固性差，因而只适用于改善可焊性的表面涂覆，如板面铜箔图形镀银等。

（10）热熔和热风整平

镀有铅锡合金的印制电路板一般要经过热熔和热风整平工艺。热熔过程是把镀覆有铅锡合金的印制电路板，加热到铅锡合金的熔点温度以上，使铅锡和基体金属铜形成化合物，同时铅锡镀层变得致密、光亮、无针孔，从而提高镀层的抗腐蚀性和可焊性。

热风整平技术的过程是在已涂覆阻焊剂的印制电路板浸过热风整平助熔剂后，再浸入熔融的焊料槽中，然后从两个风刀间通过，风刀里的热压缩空气把印制电路板板面和孔内的多余焊料吹掉，得到一个光亮、均匀、平滑的焊料涂覆层。

热风整平工艺的优点是：焊料的组成恒定不变；厚度可控，可焊性优良；只有焊盘上有焊料；导线上没有焊料，使印制电路板在焊接时，导线间不产生因焊料层熔融流动而造成的短路。

（11）外表面处理

是为了提高电路板的质量和方便焊接工作。在印制电路板需要焊接的地方涂上助焊剂。不需要焊接的地方印上阻焊层。在需要标注的地方印上图形和字符，这就是印制电路板的另一个工艺——外表面处理。

① 助焊剂 在电路图形的表面上喷涂助焊剂，既可以保护镀层不被氧化，又能提高可焊性。

② 阻焊剂 是在印制板上涂覆的阻焊层（涂料或薄膜）。阻焊剂的作用是限定焊接区域，防止焊接时搭焊、桥接造成的短路，改善焊接的准确性，减少虚焊；防护机械损伤，减少潮湿气体和有害气体对板面的侵蚀。

③ 字符 一般是在印制板上标注出元件的代号、型号和规格，同时也印出元件的符号，这样，大大方便了印制板的焊接、装配和维修工作。

（12）印制电路板的检验

对于制作完成的印制电路板除了要进行电路性能检验外。还要进行外形表面的检查。

电路性能检验有导通性检验、绝缘性检验以及其他检验等。

外形表面检查的内容如下：

ⅰ．印制电路板板面应平整，无严重翘曲。边缘应整齐，没有明显碎裂、分层及毛刺现象。表面不应有未腐蚀的残箔，电路面应具有可焊的保护层。

ⅱ．印制电路板的导线表面应光洁，边缘应光滑，导线不应断裂，相邻导线不应短路。

ⅲ．印制电路板金属孔壁镀层无裂痕、黑斑现象，表面无严重的大布纹。

ⅳ．印制电路板焊盘与加工孔中心应重合，外形尺寸、导线密度、导线宽度、孔径位置及尺寸应符合设计要求。

4.3.2 印制电路板的雕刻制作工艺

随着微电子技术的发展，为适应一些特殊场合的试验、小产品制作、科研研发、产品调试等项目的应用，采用的是雕刻制作电路板方式，因为这时如果送到工厂进行加工制造，不仅费时，而且成本也高；采用手工制作电路板方式又不够精确，所以采用的是雕刻制作电路板方式，不仅快，而且比较可靠，精度密度也高。下面简单介绍一种雕刻制作电路板的步骤：

首先利用电路图绘制软件或能生成相应的印制电路（PCB）图。如：先在 Protel 99 SE 中打开 *.PCB 或者 *.DDB 文件；之后在 FILE 菜单下，点击 CAM MANAGER，在弹出的 Output Wizard 窗口点击 Next；最后生成 Gerber 格式数据文件。

其次是利用 CircuitCAM 软件将由 Protel 99 SE 中生成 Gerber 格式数据文件导入，再将数据进行处理。确定绝缘通道、边框、设置断点等。最后将制板文件导出。

之后是利用 BoardMaster 软件进行制作电路板。但一定要保证定位销可靠定位，将垫板及电路板装在定位销上，并用胶条固定在工作台上。之后进行电路板制作。

然后需要孔金属化处理的，再进行孔金属化处理。如果做的是单面电路板，那就不需要进行孔金属化操作。但如果做双面电路板，就需要进行孔金属化操作。在孔金属化处理时，它是针对双面电路板的孔壁进行镀铜的过程。它是双面电路板制作不可缺少的部分。

最后一步是利用万用表进行电路检查，看看电路板是否存在短路及断路的现象。检查无误后，应涂抹助焊剂与阻焊剂，方便焊接与保存。

4.3.3 手工制作印制电路板工艺

手工自制印制板的方法有漆图法、贴图法、铜箔粘贴法、热转印法等。下面简单介绍采用热转印法手工自制单面电路板，此方法简单易行，而且精度较高，其制作过程如下。

① 绘制电路图　利用电路图绘制软件或是能生成图像的软件，生成一些图像文件，比如用 Protel 生成网络表文件，再利用网络表文件生成相应印制电路（PCB）图。如不会使用 Protel 的话，也可通过使用一些普通的画图程序软件作出图像文件，以备打印。

② 打印电路图　利用激光打印机将图像文件或印制电路（PCB）图，打印到热转印纸光滑的纸面上。

③ 裁剪电路板　首先是确定电路图的大小，再利用电路板裁板机将一块完整的覆铜板裁减到与图纸相应的大小（应该比图纸大一圈 1cm 左右），以备进行热转印。

④ 热转印电路图　将热转印纸上的油墨图画通过热转印机（140～200℃），印到覆铜板上。一定要使溶化的墨粉完全吸附在覆铜板上。等覆铜板冷却后，揭去热转印纸，检查焊盘与导线是否有遗漏。如有，用稀稠适宜的调和漆或油性笔将图形和焊盘描好，以备腐蚀时使用。

⑤ 腐蚀电路板　将有电路图的覆铜板放入由三氯化铁与水混合的腐蚀药液中进行腐蚀。将覆铜板全部浸入药液中，待把没有油墨的地方都腐蚀掉，完成电路板的腐蚀。

⑥ 清洗电路板　从药液中拿出覆铜板以后，先用清水将腐蚀液清洗干净，再用碎布蘸去污粉后反复地在覆铜板的板面上擦拭，将覆铜板上的油墨清洗掉，再经过反复冲洗后，露出铜的光亮本色。

⑦ 为电路板打孔　使用手动钻床对覆铜板上的焊盘进行钻孔。在钻孔时应注意钻床转速应取高速，钻头不易进刀过快，以免将铜箔挤出毛刺；在刀具没完全撤出之前不要撤板，以免刀具断裂。

⑧ 电路检查　在电路板基本完成时，用清水冲洗一遍，将钻出的锯末清洗掉，并晾干。最后用万用表进行电路检查，看看电路板是否存在短路及断路的现象。

⑨ 涂抹助焊剂与阻焊剂　方便焊接与保存。

4.4　计算机辅助设计印制电路板

印制电路板辅助软件有多种，国内市场上常用的软件主要有 Protel、PSpice、OrCAD、Tina Pro 等几种，其中以 Protel 应用最广泛，下面对 Protel 软件的功能及使用方法进行简单介绍。

4.4.1　Protel 99 SE 电路设计简介

Protel 99 是目前印制电路设计应用中最为广泛的软件之一，它具有丰富多样的编辑功能，强大便捷的自动化设计能力，完善有效的检测工具，灵活有序的设计管理手段等特点。为用户提供了极其丰富的原理图元件库，PCB 元件库及出色的库编辑和库管理。它是一个编辑功能强大、设计灵活的应用软件。

本节主要介绍利用 Protel 99，从电路原理图设计开始，到印制电路板（PCB）图设计完成的方法与步骤。

4.4.2　电路原理图的设计

电路原理图的设计主要是在 Protel 的原理图设计系统（Advanced Sch）中进行，图4.27 所示的电路原理图就是用 Protel 设计的。

下面以 Protel 99 SE 为例看看图 4.26 所示的电路原理图是怎样设计出来的。

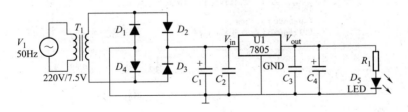

图 4.26　稳压电源电路原理图

（1）启动 Protel 99 SE

直接双击 Windows 桌面上 Protel 99 SE 的图标来启动应用程序，或者直接单击 Windows "开始" 菜单中的 Protel 99 SE 图标。打开 Protel 99 SE，进入图 4.27 所示界面。

在图 4.27 中最上面深底白字的为标题栏。它提示当前操作的文件名。

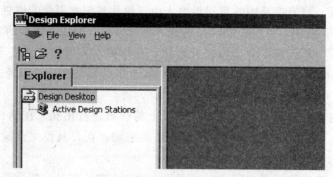

图 4.27 原理图编辑界面

第二行为菜单栏，用鼠标左键单击相应位置即可打开该处的下拉式菜单，以继续进行各项操作。图 4.27 中的菜单栏中仅有 EDA 服务（向下箭头）、文件（File）、视图（View）和帮助（Help）几个主菜单。

第三行为主工具栏，目前工具有 3 个。主工具栏提供了一种比菜单栏操作更快捷的方法，例如用鼠标左键单击目前主工具栏的中间图标，就可打开某个文件；单击问号，就可获得帮助；单击主工具栏的第一个图标，可打开或关闭项目管理器。

（2）进入原理图编辑环境

ⅰ．双击执行"File"下拉菜单当中的"New"命令。执行完菜单"File"当中的"New"命令后，会出现如图 4.28 所示的对话框。

新建项目名：My Design.ddb，保存文件位置可以单击"Browse"执行选择，最后单击"OK"结束项目建立。并出现如图 4.29 所示界面。

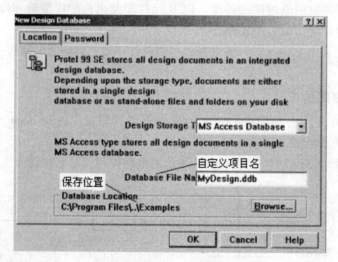

图 4.28 定义项目名和存盘路径

其中，"Design Team"是设计成员管理；"Recycle Bin"是回收站；"Documents"是设计文件管理。

ⅱ．用鼠标双击图 4.29 中的"Documents"图标进入文件管理界面，在新建项目中管理界面为空白。

ⅲ．进入原理图编辑器界面。进入空白文档界面后，单击"File"菜单下的"New"命令，会出现如下对话框，如图 4.30 所示。

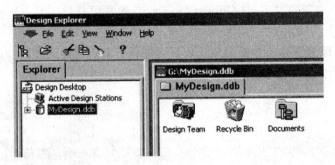

图 4.29　新项目界面

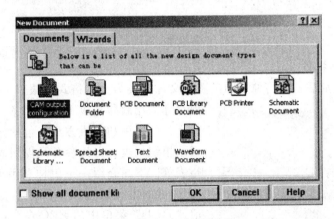

图 4.30　新建原理图文件

用鼠标双击"Schematic Document"选项即可进入原理图文件编辑界面，如图 4.31 所示。此时，菜单栏增加了编辑（Edit）、放置（Place）、工具（Tools）、选项（Options）、报告（Reports）和窗口（Windows）等主菜单。

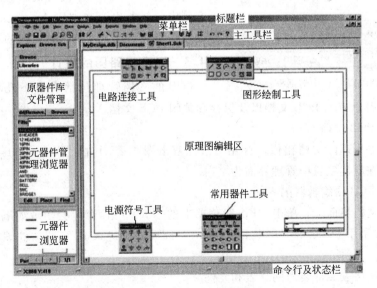

图 4.31　原理图编辑区

而工具栏也增加了，如图 4.32 所示。

除了主工具栏以外，还有 4 个工具栏：电路连接工具（Wiring Tools）、图形绘制工具

（Drawing Tools）、电源符号工具（Power Objects）和常用器件工具（Digital Objects），如图 4.31 所示。

大家在了解了原理图编辑界面的环境后，可根据上面所给提示及内容选择所需的工具与元器件，开始进行绘制原理图的操作。

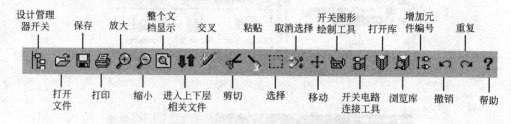

图 4.32　电路原理图编辑器的主菜单

（3）报表文件生成

原理图绘制完成后，可将原理图的图形文件转换为文本格式的报表文件，以便于检查、

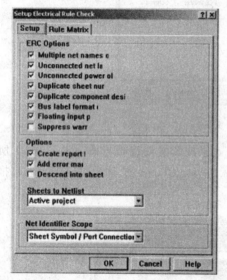

图 4.33　ERC 设定对话框

保存和为绘制印制板图做好准备。本节介绍各种报表文件的作用和生成方法，包括元件材料表、层次目录组织列表、交叉参考元件列表、端子列表和网格表等。下面介绍一下怎样利用程序来检查。Protel 提供的电气检查称作 ERC。检查电路图时要激活"Tools"菜单中的 ERC 命令，屏幕将出现如图 4.33 所示的对话框。

再通过 ERC 检查，就可安心的由电路图产生网络表。如果要由编辑窗口内的电路图产生网络表，则激活"Design"下的"Create Netlist"命令。

其中包括两页，在"Preferences"页中，主要是设定网络表格式、网络名称认定的范围内。

4.4.3　PCB 电路图的设计

PCB 的文档管理包括有以下几种操作：新建 PCB 文档、打开已有的 PCB 文档以及保存和关闭 PCB 文档。

（1）新建 PCB 文档

方法与建立原理图文档相似，首先用鼠标双击图 4.29 中的"Documents"图标进入文件管理界面，在新建项目中管理界面为空白。

（2）进入 PCB 图编辑器的界面

进入空白文档界面后，单击"File"菜单下的"New"命令，会出现如下对话框，如图 4.30 所示。之后用鼠标双击"PCB Document"选项即可进入 PCB 图文件编辑界面。如图 4.34 所示。

（3）利用网络表文件装入网络表和元件

具体步骤如下。

i . 在 PCB 编辑器中执行"Design"菜单下"Load nets"命令，出现装入网络表对话框。

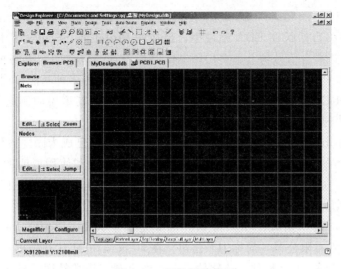

图 4.34 PCB 图编辑区

　　用鼠标单击对话框中的"Browse"按钮即可进入如图 4.35 所示的选择网络表文件对话框，该对话框中默认的文件为当前 PCB 文件所在设计数据库文件中的所有文本文件。

　　ⅱ. 在图 4.35 的对话框中选中所选的网络表文件"Sheel. NET"，然后用鼠标单击"OK"按钮即可回到如图 4.35 所示的对话框中。此时，程序开始自动生成相应的网络宏，正确生成所有网络宏之后的对话框。所有的网络宏都显示在对话框中，用户还可以对任意一个网络宏进行编辑修改。

图 4.35 选择网络表文件对话框

　　ⅲ. 正确生成所有网络宏后，用鼠标单击"Execute"按钮即可开始装入网络表和元件。

　　如果生成网络宏时出现错误，则用鼠标单击"Execute"按钮后会出现一个对话框，提示用户无法执行所有的网络宏，是否继续强行装入。建议用户解决了错误问题后再装入网络表和文件。常见的错误原因有：没有预先装入所需要的全部正确的元件库，原理图中的元件未给出封装形式而造成网络表文件内容不全等。

　　通过以上步骤，可将网络表和元件装入到 PCB 工作区，下面在进行元件的布局工作，对元件进行布局可以利用 Protel 99 PCB 所提供的自动布局功能。

4.4.4 印制电路板软件的介绍

　　随着计算机技术的飞速发展，计算机仿真技术也越来越多地应用到各个领域。可以说，在飞速发展的信息社会面前，不懂得计算机仿真，就难以跟得上时代前进的步伐。随着科学技术的不断进步，电路仿真软件及其相关技术将为电子技术的应用展现出更为广阔的前景。

　　目前在中国内地流行的计算机电路仿真软件有 Protel、Multisim、PSpice 和 Tina Pro 等几种，下面简单的介绍这些软件。

　　（1）Protel 99 SE

Protel 是澳大利亚 Protel Technology 公司在 20 世纪 80 年代末开始推出的 EDA 软件，几十年来，此软件一直活跃在 EDA 领域中，现在的 Protel 99 SE 包含了电路原理图绘制、模拟电路与数字电路混合信号仿真、多层印制电路板设计（包含印制电路板自动布线）、可编程逻辑器件设计、图表生成、电子表格生成、支持宏操作等多种功能，同时还兼容一些其他设计软件（如 ORCAD、PSpice、Excel 等）的文件格式，其多层印制电路板的自动布线可实现高密度 PCB 的 100％布通率。

目前，利用 Protel 文件格式提供的 PCB 板图制作电路板已成为国内各厂家制作 PCB 板的事实标准。在国内 Protel 软件较易买到，有关 Protel 软件和使用说明的书也很多，这为其普及提供了基础。它当之无愧地排在众多 EDA 软件的前面，是电子设计者的首选软件。

（2）EWB 和 Multisim

EWB（Electronics Workbench）和 Multisim 是加拿大 Interactive Image Technologies 公司（交互图像技术有限公司，简称 IIT 公司）在 20 世纪 90 年代初推出一个专门用于电子线路仿真和设计的 EDA 工具软件。该软件具有界面直观，易学易用，操作方便，仿真功能齐全和软件小巧等优点。

EWB 的仿真功能十分强大。它不仅可以完全的仿真出真实电路的结果，而且还提供了万用表、示波器、逻辑分析仪、数字信号发生器、逻辑转换器等工具，在元器件库中包含了许多大公司的晶体管元器件、集成电路和数字门电路芯片，如在元器件库中没有的元器件，还可以由外部模块倒入。在电路仿真中，该软件可以仿真模拟电路、数字电路和混合电路，对元器件既提供了理想模型和实际模型，又可以对其设置不同的故障。仿真所用的测试仪器的操作与实际仪器相差无几，不仅使电子工作者用起来得心应手，而且非常适合电子类课程的教学和仿真试验。

IIT 公司从 EWB6.0 版本开始将专门用于电路级仿真与设计的模块更名为 Multisim（意为万能仿真）。Multisim 大大增强了软件的仿真测试和分析功能，也大大扩充了元件库中仿真元件的数目，使得仿真设计的结果更精确、更可靠、更逼近最终真实电路的运行结果。

（3）PSpice

PSpice 是美国 MicroSim 公司开发的电子线路设计仿真软件，它是由 Spice 发展而来的。Spice（simulation program with integrated circuit emphasis）是由美国加州大学伯克利分校 1972 年开发的电路仿真程序。随着版本的不断更新和功能的完善。1988 年 Spice 被确立为美国国家工业标准。

PSpice 是当今世界上著名的电路仿真标准工具之一。整个软件由原理图编辑、电路仿真、激励编辑、元器件库编辑、波形图等几个部分组成，使用时是一个整体，但各个部分都有自己的窗口。PSpice 发展至今，已被并入 ORCAD，成为 ORCAD/PSpice。

（4）ORCAD

ORCAD 是由 ORCAD INC 公司于 20 世纪 80 年代末推出的 EDA 软件。它是世界上使用最广的一种 EDA 软件，但由于其价格昂贵，在中国内地很难普及，其知名度比不上 Protel，只有少数的电子设计者使用它。

ORCAD/PSpice 9 是一种电路模拟及仿真的自动化设计软件，它不仅可以对模拟电路、数字电路、数/模混合电路等进行直流、交流、瞬态等基本电路特性的分析，而且可以进行蒙特卡罗（Monte Carlo）统计分析、优化设计等复杂的电路特性分析。

（5）Tina Pro

Tina Pro 是匈牙利 Designsoft Inc 公司设计推出的一款电子电路仿真分析、设计软件。目前流行于四十多个国家,并有二十余种不同语言的版本,其中包括中文版。

Tina Pro 内含 3 万多个与国际著名品牌产品相一致的模拟元器件和多种虚拟电子测量仪器,在模拟电路分析方面,Tina Pro 除了具有一般电路仿真软件通常所具备的直流分析、瞬态分析、正弦稳态分析、傅里叶分析、温度扫描、参数扫描及蒙特卡罗统计等仿真分析功能之外,还具有绘制零、极点图,相量图、Nyquist 图等重要的仿真分析功能。

与以上其他 5 个电路仿真软件相比,Protel 目前在中国内地应用得还算普遍,但 Tina Pro 具有操作简单,全中文界面,易于掌握,与 Spice 软件兼容等特点。

第⑤章 准备与装配工艺基础

整机装配前要对工件、导线、元器件引线进行加工处理，这个过程的技术性叫准备工艺；将它们与印制电路板、机械结构组装过程中采用的连接技术、组装技术等技术叫装配工艺。

5.1 元器件引线成形

为便于安装和焊接，提高装配质量，提高设备电路的可靠性，在安装前，要根据安装位置和技术要求预先把元器件引线弯曲成一定形状，即元器件的引线成形。

（1）元器件引线成形的技术要求

根据插装方法的不同，元器件引出线的形状有两类：手工焊接时的形状和自动焊接时的形状（如图5.1）图中L_d的为焊接盘之间的距离，d_a为直径或厚度，R为弯曲半径，r为立式安装时引线弯曲半径，D为元器件外形最大直径，l_a为元器件外形最大长度。

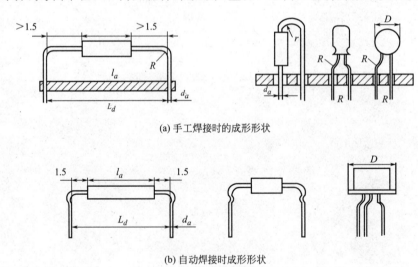

(a) 手工焊接时的成形形状

(b) 自动焊接时成形形状

图 5.1 元器件引线成形

对元器件引线成形的要求如下。

ⅰ. 引线成形后，元器件本体不应产生破裂，表面装封不应损坏，引线弯曲部分不允许出现摸印，压痕和裂纹。

ⅱ. 成形时，引线弯折处距离引线根部尺寸应大于2mm，以防止引线折断或者被拉出。

ⅲ. 引线弯曲半径R应大于两倍引线直径d_a，以减少弯折处的机械应力。对立式安装，引线弯曲半径应大于元器件的外形半径 $D/2$。

ⅳ. 凡有标记的元器件，引线成形后，其标志符号应在查看方便的位置。

ⅴ. 引线成形后，两引线要平行，其间距离应与印制电路板两焊盘孔的距离相同，对于卧式安装，两引线左右弯折要对称，以便于插装。

ⅵ. 对于自动焊接方式，可能会因振动使元器件歪斜或浮起等，宜采用具有弯弧形的引线。

ⅶ. 晶体管及其他在焊接过程中对热敏感的元件，其引线可以加工成圆环形，以加长引线，减小热冲击。

（2）成形方法

ⅰ. 用专用模具弯折或专用引线成形机。

ⅱ. 手工成形。用尖嘴钳或镊子靠近元器件引线根部，按弯折方向弯折即可。

5.2　导线与电缆加工

5.2.1　绝缘导线的加工

绝缘导线加工可分剪裁、剥头、捻头（多股导线）、浸锡、清洁、印标记等工序。

5.2.1.1　裁剪

导线裁剪前，用手或工具轻捷地拉伸，使之尽量平直，然后用尺和剪刀将导线裁剪成所需尺寸。剪裁的导线的长度允许有 5％～10％的正误差（可略长些），不允许出现负误差。

5.2.1.2　导线端头的加工（也叫剥头）

端头绝缘层的剥离方法有两种：一种是刃截法，另一种是热截法。刃截法设备简单但容易损伤导线，热截法需要一把热剥皮器（或用电烙铁代替），并将烙铁加工成宽凿形。热截法的优点是：剥头好，不会损伤导线。

（1）刃截法

① 电工刀或剪刀剥头　先在规定长度的剥头处切割一个圆形线口，然后切深，注意不要割透绝缘层而损伤导线，接着在接口处多次弯曲导线，靠弯曲时的张力撕破残余的绝缘层，最后轻轻地拉下绝缘层。

② 剥线钳剥头　剥线钳适用于直径 0.5～2mm 的橡胶、塑料为绝缘层的导线、绞合线和屏蔽线。有特殊刃口的也可用于聚四乙烯为绝缘层的导线。剥线时将规定剥头长度的导线插入刃口内，压紧剥线钳，刀刃切入绝缘层内，随后夹爪抓住导线，拉出剩下的绝缘层。

注意：一定要使刀刃口与被剥的导线相适应，否则会出现损伤芯线或拉不断绝缘层的现象。遇到绝缘层受压易损坏的导线时，要使用宽且有光滑夹爪的剥线钳，或在导线的外面包一层衬垫物。被剥芯线与最大允许损伤股数的关系如表 5.1 所示。

表 5.1　剥芯线与最大允许损伤股数的关系　　　　　　　　　　　　单位：股

芯　线　股　数	允许受伤的芯线股数	芯　线　股　数	允许损伤的芯线股数
<7	0	26～36	4
7～15	1	37～40	5
16～18	2	>40	6
19～25	3		

（2）热截法

热截法通常使用的热控剥皮器外形如图 5.2(a) 所示。使用时，将热控剥皮器通电预热 10min，待热阻丝呈暗红色时，将需剥头的导线按剥头所需长度放在两个电极之间。边加热边转动导线，待四周绝缘层切断后，用手边转动边向外拉，即可剥出无损伤的端头。

加工时注意通风，并注意正确选择剥皮器端头合适的温度。

5.2.1.3 捻头

多股导线剥去绝缘层后，要进行捻头以防止芯线松散。捻头时要顺着原来的合股方向，捻线时用力不宜过猛，否则易将细线捻断。捻过的芯线，其螺旋角一般在 30°～45°，如图 5.2(b) 所示。芯线捻紧，不得松散；如果芯线上有涂漆层，应先将涂漆层去除后再捻头。

5.2.1.4 浸锡（又称搪锡、预挂锡）

将捻好的导线端头浸锡的目的在于防止氧化，以提高焊接质量。浸锡有锡锅浸锡、电烙铁上锡两种方法。

（1）采用锡锅

采用锡锅（又称搪锡缸）浸锡时，锡锅通电使锅中焊料熔化，将捻好头的导线蘸上助焊剂，然后将导线垂直插入锡锅中，并且使浸渍层与绝缘层之间留有 1～2mm 的间隙，如图 5.3 所示。待浸湿后取出，浸锡时间为 1～3s。浸锡时应注意以下几点。

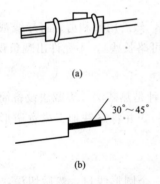

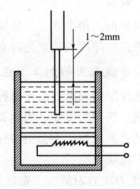

图 5.2　热控剥皮器外形及多股导线捻头角度　　　　图 5.3　导线端头浸锡

ⅰ. 浸渍时间不能太长，以免导线绝缘层受热后收缩。

ⅱ. 浸渍层与绝缘层必须留有间隙，否则绝缘层回过热收缩甚至破裂。

ⅲ. 应随时清除锡锅中的锡渣，以确保浸渍层光洁。

ⅳ. 如一次不成功，可稍停留一会儿再次浸渍，切不可连续浸渍。

（2）采用电烙铁

采用电烙铁上锡时，应待电烙铁加热至可熔化焊锡时，在电烙铁上蘸满焊料，将导线端头放在一块松香上，烙铁头压在导线端头，左手边慢慢地转动边往后拉，当导线端头脱离烙铁后导线端上也上好了锡。上锡时应该注意：松香要用新的，否则端头会很脏；烙铁头不要烫伤导线绝缘层。

5.2.2 屏蔽导线端头的加工

屏蔽导线是一种在绝缘导线外面套上一层铜编制套的特殊导线，其加工过程分为下面几个步骤。

5.2.2.1　导线的剪裁和外绝缘层的剥离

用尺和剪刀（或斜口钳）剪下规定尺寸的屏蔽线。导线长度只允许 5%～10% 的正误差，不允许有负误差。

5.2.2.2　剥去端部外绝缘护套

（1）热剥法

在需要剥去外护套的地方，用热控剥皮器烫一

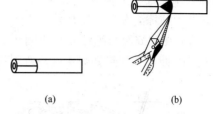

图 5.4　热剥法去除外绝缘护套

圈，深度直达铜编制层，再顺着断裂圈到端口烫一条槽，深度也要达到铜编制层。再用尖嘴钳或医用镊子夹持外护套，撕下外绝缘护套，如图 5.4 所示。

（2）刃截法

基本方法同热剥法，但需要用到刃（或单面刀片）代替温控剥皮器。具体做法是：从端头开始用刀刃划开外绝缘层，再从根部划一圈后用手或镊子钳住，即可剥离绝缘层。注意，刀刃要斜切，划切时，不要伤及屏蔽层。

5.2.2.3　铜编制套的加工

（1）较细、较软屏蔽线铜编制套的加工

ⅰ．左手拿住屏蔽线的外绝缘，用右手指向左推编制线，使之成为图 5.5(a) 所示的形状。

ⅱ．用针或镊子在铜编制套上拨开一个孔，弯曲屏蔽层，从孔中取出芯线，如图 5.5(b) 所示，用手指捏住一抽出芯线的铜屏蔽编制套像端部捋一下，根据要求剪取适当的长度，端部拧紧。

（2）较粗、较硬屏蔽线铜编制套的加工

先剪去适当长度的屏蔽层，在屏蔽层下面缠黄蜡绸布 2～3 层（或用适当直径的玻璃纤维套管），再用直径为 0.5～0.8mm 的镀银铜线密绕在屏蔽层端头，宽度为 2～6mm，然后用电烙铁将绕好的铜线焊在一起后，空绕一圈，并留出一定的长度，最后套上收缩套管。注意，焊接时间不宜过长，否则易将绝缘层烫坏。

（3）屏蔽层不接地时端头的加工

将编制套推成球状后用剪刀剪去，仔细修剪干净即可，如图 5.6(a) 所示。若是要求较高的场合，则在剪去编制套后，将剩余的编制线翻过来，如图 5.6(b) 所示，再套上收缩性套管，如图 5.6(c) 所示。

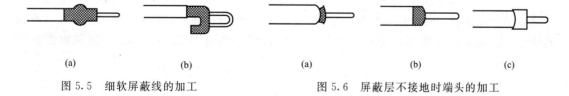

图 5.5　细软屏蔽线的加工　　　　图 5.6　屏蔽层不接地时端头的加工

5.2.2.4　绑扎护套端头

对于多根芯线的电缆线（或屏蔽电缆线）的端口必须绑扎。

ⅰ．绵织线套外套端部极易散开，绑扎时，从护套端口沿电缆放长约 15～20cm 的蜡克棉线，左手拿住电缆线，拇指压住棉线头，右手拿起棉线从电缆线端口往里紧绕 2～3 圈，压住棉线头，然后将起头的一段棉线折过来，继续紧绕棉线。当绕线宽度达到 4～8mm 时，

将棉线端穿进环中绕紧。此时左手压住线层，右手抽紧线头。拉紧绑线后，剪去多余的棉线，涂上清漆，如图 5.7 所示。

ⅱ. 在防波套与绝缘芯线之间垫 2～3 层黄蜡绸带，再用直径为 0.5～0.8mm 镀银线密绕 6～10 圈，并用烙铁焊接（环绕焊接），如图 5.8 所示。

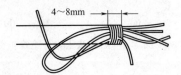

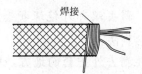

图 5.7　棉织线套电缆端头的绑扎　　　　图 5.8　防波套外套电缆端头的加工

5.2.2.5　芯线加工

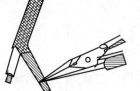

屏蔽导线的芯线加工过程基本同绝缘导线的加工方法一样。但要注意的是屏蔽线的芯线大多是采用很细的铜丝做成的，切忌用刀截法剥头，而应采用热截法。捻头时不要用力过猛。

5.2.2.6　浸锡

浸锡操作过程同绝缘导线浸锡相同。在浸锡时，要用尖嘴钳夹持离端头 5～10mm 的地方，防止焊锡渗透距离过长而形成硬结。屏蔽端头浸锡如图 5.9 所示，加工好的屏蔽线如图 5.10 所示。

图 5.9　屏蔽端头浸锡

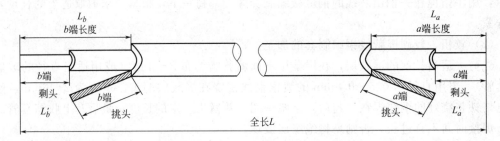

图 5.10　加工好的屏蔽线各部分名称

5.2.3　电缆加工

（1）绝缘同轴射频电缆的加工

因流经芯线的电流频率很高，加工是要特别注意芯线与金属屏蔽层的距离。如果芯线不在屏蔽层中心位置，则会造成特性阻抗不准确，信号传输受到反射损耗故障。当芯线焊在高频插头、插座上时也要与射频电缆相匹配。焊接的芯线应与插头做同心，同轴电缆如图 5.11 所示。

（2）高频测试电缆的加工

图 5.12 所示是高频测试电缆的加工示例。先按图样剪裁 3m 长的电缆线，再按图样规定剪开电缆两端的外塑胶层，然后剪开屏蔽层，用划针将屏蔽线端分开，再将屏蔽层线均匀地焊接在圆形垫片上，要焊得光滑、平整、无毛刺。将芯线一端穿过插头孔焊接，另一端焊在插头中心线上，一定要焊在中心位置上。焊完后拧紧螺母，勿使电缆线在插头上活动。

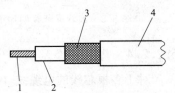

图 5.11　同轴电缆

1—芯线；2—高频绝缘介质；

3—金属屏蔽层；4—塑胶层

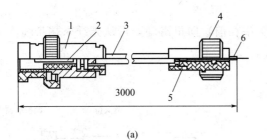

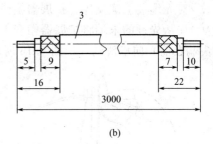

(a)   (b)

图 5.12 高频测试电缆的加工

1,4—高频插头；2,5,6—焊接点；3—高频电缆线

5.2.4 光缆的加工及其与连接器的连接

（1）光纤连接的主要部件

在光纤连接的过程中，主要有 ST Ⅱ 连接器和 SC 连接器。

ST Ⅱ 连接插头用于光纤的端点，此时光缆只有单根光纤的交叉连接或互连的方式连接到光电设备上，见图 5.13。

连接器的部件有：连接器体；用于 2.4mm 和 3.0mm 直径的单光纤缆的套管；缓冲器光缆支撑器（引导）；带螺纹帽的扩展器；保护帽，见图 5.14。

（2）工具

工具有：胶合剂、ST/SC 两用压接器、ST/SC 抛光工具、光纤剥离器抛光板、光纤划线器、抛光垫、剥线钳、抛光相纸、酒精擦拭器和干燥擦拭器、酒精瓶、Kevlar 剪刀、带 ST/SC 适配器的手持显微镜、注射器、终接手册。

图 5.13 光缆与连接器连接示意图

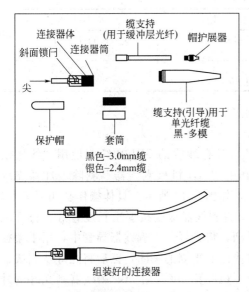

连接器的部件与组装

图 5.14 连接器部件示意图

（3）光缆的准备

剥掉外护套，套上扩展帽及缆支持，具体操作有如下 5 步。各类光缆刀切要求见表 5.2。

ⅰ．用环切工具来剥掉光缆的外套，如图 5.15 所示。

ⅱ．使用环切工具上的刀片调整螺丝，设定刀片深度为 7.6mm。

表 5.2 各类光缆刀切要求

光缆类型	刀切的深度/mm	准备的护套长度/mm
LGBC-4	5.08	965
LGBC-6	5.08	965
LGBC-12	7.62	965

ⅲ．在光缆末端的 96.5cm 处环切外护套（内层），将内外护套滑出。

ⅳ. 对光缆装上缆支撑、扩展器帽操作。

ⅴ. 先从光纤的末端将扩展器帽套上（尖端在前）向里滑动，再从光纤末端将缆支持套上（尖端在前）向里滑动，如图 5.16 所示。

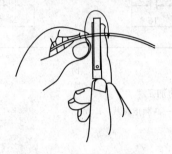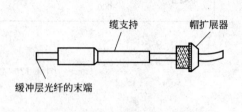

图 5.15　环切光缆外护套　　　　　图 5.16　缆支持及扩展器帽的安装

（4）用模板上规定的长度时需要对安装插头的光纤作标记

对于不同类型的光纤及不同类型的 STⅡ 插头长度规定不同，如图 5.17 和表 5.3 所示。使用 SC 模板，量取光纤外套的长度，用记号笔按模板刻度所示位置，在外套上做记号。

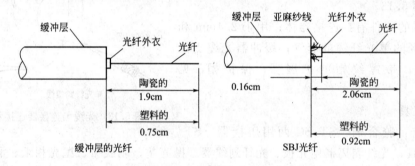

图 5.17　不同类型的光纤及 STⅡ 插头对长度的规定

表 5.3　不同类型的光纤和 STⅡ 插头对长度的规定

	陶 瓷 类 型	塑 料 类 型
缓冲层光纤（缓冲层和光纤外衣准备的长度）	16.5～19.1mm （0.65～0.75in）	6.5～7.6mm （0.25～0.30in）
SBJ 光纤（缓冲层的准备长度）	18.1～20.6mm （0.71～0.81in）	7.9～9.2mm （0.31～0.36in）

（5）准备好剥线器，用剥线器将光纤的外衣剥去

① 使用剥线器前要用刷子刷去刀口处的粉尘。

② 对有缓冲层的光纤使用"5B5 机械剥线器"，对有纱线的 SBJ 光纤要使用"线剥线器"。利用"5B5 机械剥线器"剥除缓冲器光纤的外衣，如图 5.18 所示。具体操作有如下 7 步。

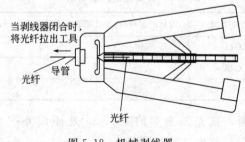

图 5.18　机械剥线器

ⅰ. 将剥线器深度按要求长度置好。打开剥线器手柄，将光纤插入剥线器导管中，用手紧握两手并使他们牢固的关闭，然后将光纤从剥线器中拉出。（注意：每次用 5B5 剥线器剥光纤的外衣后，要用与 5B5 一起提供的刷子把刀口刷干净。）

ⅱ. 用沾有酒精的纸/布从缓冲层向前擦拭，去掉光纤上残留的外衣，要求至少要细心擦拭两次才合格，且擦拭时不能使光纤弯曲。

切记：不要用干布去擦拭没有外衣的光纤，这会造成光纤表面缺陷，不要去触摸裸露的光纤或让光纤与其他物体接触。

ⅲ. 利用"剥线器"剥除 SBJ 光纤的外衣。

ⅳ. 使用 6in 刻度尺测量并标记合适的光纤长度（用模板亦可）。

ⅴ. 用"线剥线器"上的 2 号刻槽除去一小段一小段地外衣，剥时用直的拉力，切勿弯曲光缆直到剥到标记处为止。

ⅵ. 对于 SBJ 光纤，还要在离标记 1.6mm 处剪去纱线。

ⅶ. 用沾有酒精的纸/布细心擦拭光缆两次。

（6）放置光纤

将准备好的光纤存放在"保持块"上。

（7）环氧树脂和注射器的准备

从针管中除去气泡。方法是：将注射器针头向上（垂），压后部的塞子，使环氧树脂从注射器针头中出来（用纸擦去），直到环氧树脂是自由清澈的。

（8）在缓冲层的光纤上安装 ST Ⅱ 连接器插头

ⅰ. 将装有环氧树脂的注射器针头插入 ST Ⅱ 连接器的背后，直到其底部，压注射器塞，慢慢地将环氧树脂注入连接器，直到一个大小合适的泡出现在连接器陶瓷尖头上平滑部分为止。

ⅱ. 用注射器针头给光纤上涂上一薄层环氧树脂外衣，大约到缓冲器外衣的 12.5mm 处。若为 SBJ 光纤，则对剪剩下的纱线末端也要涂上一层环氧树脂，如图 5.19。

ⅲ. 将缓冲器光纤的"支撑（引导）"滑动到连接器后部的筒上去，旋转"支撑（引导）"以使提供的环氧树脂在筒上均匀分布，如图 5.20 所示。

图 5.19　插入光纤　　　　　　　　图 5.20　组装缆支撑

ⅳ. 往扩展器帽的螺纹上注射一滴环氧树脂，将扩展器帽滑向"支撑（引导）"，并将扩展帽通过螺纹拧到连接器体中去，确保光纤就位，如图 5.21 所示。

ⅴ. 往连接器上加保持器。将保持器拧到连接器上去，压缩连接器的弹簧，直到保持器的凸起完全锁进连接器的切下部分，如图 5.22 所示。

（9）烘烤环氧树脂

（10）切断光纤

ⅰ. 用切断工具在连接器尖上伸出光纤的一面上刻痕。

ⅱ. 刻痕后，用刀口推力将连接器尖外的光纤点去。

（11）磨光

应注意一粒灰尘就能阻碍光纤末端的磨光。

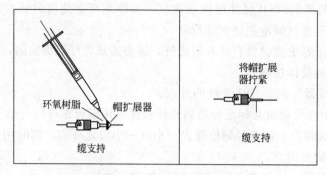

图 5.21　加上扩展器帽

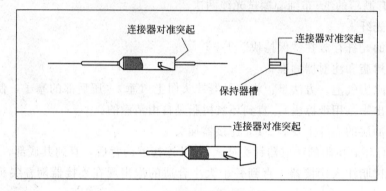

图 5.22　将保持器锁到连接器上

ⅰ．先做准备工作：清洁所有用来进行磨光工作的物品。

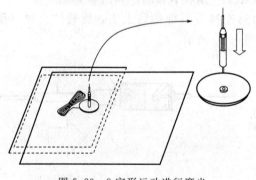

图 5.23　8 字形运动进行磨光

ⅱ．再做初始磨光：先将磨光砂纸放手掌心中，对光纤头轻轻地磨几下。开始时需要用非常轻的压力磨，用大约 80mm 高的 8 字形进行磨光运动，当继续磨光时，逐步增加压力。

ⅲ．最后做最终磨光：将磨光纸放在玻璃板上，以大约 100mm 高的 8 字形运动进行磨光，如图 5.23 所示。

ⅳ．检查：用显微镜镜头管照亮连接器尖头，使光回照光纤相反一端，检查光纤头有无抓痕、裂口、空隙。

5.3　电子设备组装工艺

5.3.1　电子设备组装的内容和方法

5.3.1.1　组装内容和组装级别

　　电子设备的组装是将各种电子元器件、机电元件及结构件，按照设计要求，装接在规定的位置上，组成具有一定功能的、完整的电子产品的过程。组装内容主要有：单元的划分；元器件的布局；各种元件、部件、结构件的安装；整机联装等。在组装过程中，根据组装单位的大小、尺寸、复杂程度和特点的不同，将电子设备的组装分成不同的等级，称为电子设备的组装级。组装级别分为以下四个级别。

第一级组装，一般称为元件级，是最低的组装级别，其特点是结构不可分割。通常指通用电路元件、分立元件及其按需要构成的组件、集成电路组件等。

第二级组装，一般称插件级，用于组装和互连第一级元器件。例如，装有元器件的印制电路板或插件等。

第三级组装，一般称为底板级或插箱级，用于安装和互连第二级组装的插件或印制电路板部件。

第四级组装及更高级别的组装，

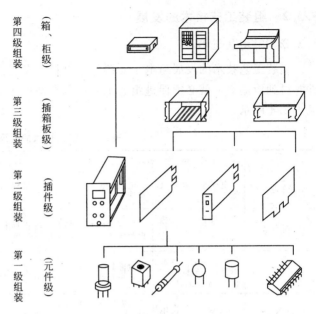

图 5.24　电子设备组装级的示意图

第四级组装（箱、柜级）　第三级组装（插箱板级）　第二级组装（插件级）　第一级组装（元件级）

一般称箱、柜级及系统级。主要通过电缆及连接器互连第二、三级组装，并以电源馈线构成独立的有一定功能的仪器或设备。对于系统级，若设备不在同一地点，则须用传输线或其他方式连接。图 5.24 所示为电子设备组装级的示意图。

5.3.1.2　组装特点及方法

（1）组装特点

电子设备的组装，在电气上是以印制电路板为支撑主体的电子元器件的电路连接，在结构上是以组成产品的钣金硬件和模型壳体，通过紧固零件或其他方法，由内到外按一定的顺序安装。电子产品属于技术密集型产品，组装电子产品的主要特点如下。

组装工作是由多种基本技术构成的，如元器件的筛选与引线成形技术、线材加工处理技术、焊接技术、安装技术、质量检验技术等。

装配操作质量，在很多情况下，都难以进行定量分析。如焊接质量的好坏通常以目测判断，刻度盘、旋钮等的装配质量多以手感鉴定等。因此，掌握正确的安装操作方法是十分必要的，切勿养成随心所欲的操作习惯。

进行装配工作的人员必须进行训练和挑选，经考核合格后持证上岗，否则，由于知识缺乏和技术水平不高，就可能生产出次品；而一旦生产出次品，就不可能百分之百地被检查出来，产品质量就没有保证。

（2）组装方法

ⅰ．功能法。是将电子设备的一部分放在一个完整的结构部件内。该部件能完成变换或形成信号的局部任务（某种功能），从而得到在功能上和结构上都完整的部件，便于生产和维护。

ⅱ．组件法。就是制造出一些在外形尺寸上都统一的部件。

ⅲ．功能组件法。兼顾了功能法和组件法的特点，用以制造出既保证功能完整性又有规范化的结构尺寸的组件。对微型电路进行结构设计时，要同时遵从功能原理和组件原理的原则。

5.3.2 组装工艺技术的发展

5.3.2.1 发展进程

组装工艺技术的发展与电子元器件、材料的发展密切相关，每当出现一种新型电子元器件并得到应用时，就必须促进组装工艺技术有新的进展，其发展过程大致可分为五个阶段，见表5.4所示。

表 5.4 组装技术的发展阶段

	元 器 件	布 线	焊接材料	连接工艺	测 试
第一阶段	电子管、大型元器件	电线、电缆手工布线	锡铅焊料、松香焊剂	电烙铁手工焊接、手工连接	通用仪器仪表人工测试
第二阶段	半导体二、三极管、小型和大型元件	单双面印制电路板布线	锡铅焊料、活性松香焊剂	手工插装，半自动插装，手工焊接，浸焊	通用仪器仪表人工测试
第三阶段	中、小规模集成电路，半导体二、三极管，小型元件	双面和多层印制电路板布线	锡铅焊料、膏状焊接、活性焊剂	自动插装、波峰和再流焊	数字式仪表、在线测试仪自动测试
第四阶段	大规模集成电路，表面安装元件	高密度印制电路板，挠性印制电路板布线	膏状焊料	机械手插装和自动贴装，再流焊	智能式仪表，在线测试和计算机辅助测试
第五阶段	超大规模集成电路，复合表面安装元件	高密度印制电路板布线，元器件和基板一体化	膏状焊料	再流焊、微电子焊接	计算机辅助测试

5.3.2.2 发展特点

① 连接工艺的多样化 除焊接外，压接、绕接、胶接等连接工艺也越来越受到重视。

② 工装设备的改进 采用小巧、精密和专用的工具和设备，使组装质量有了可靠的保证。例如采用手动、电动、气动成形机，集成电路引线成形模具等，可提高成形质量和效率。采用专用剥线钳或自动剥线捻线机，可克服损伤和断线等缺陷。

③ 检测技术的自动化 用可焊接测试仪，预先测定引线可焊性水平，采用计算机控制的在线测试仪，快速正确地判断连接的正确性和装联后元器件参数的变化。以计算机辅助测试（CAT）来进行整机测试。

④ 新工艺新技术的应用 例如，焊接材料采用活性氢化松香焊锡丝代替传统使用的普通松香焊锡丝，抗氧化焊料在波峰焊和搪锡中也得到应用。表面防护处理，采用喷涂501-3聚酯绝缘清漆及其他绝缘清漆工艺，提高了产品防潮、防盐雾、防霉菌等能力。新型连接导线，如氟塑料绝缘线，镀膜导线在产品中得到越来越多的应用，对提高连接可靠性、减轻重量和缩小体积起到一定作用。

5.3.3 整机装配工艺过程

整机装配的工序因设备的种类、规模不同，其构成也有所不同，但基本工序并没有什么变化，据此就可以制定出制造电子设备最有效的工序来。一般整机装配工艺过程如图5.25所示。

（1）元件分类

在电子设备的装配准备工作中，最主要的操作内容是装配元件的分类。处理好这一工作，是避免出错、迅速装配高质量产品的首要条件。

不论生产批量多少，元件分类方法基本一样，只是在大批量生产时，一般多用流水作业

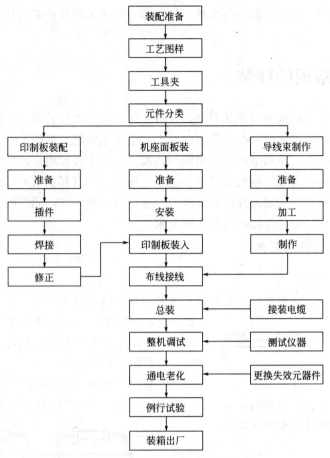

图 5.25 整机装配工艺过程

法进行装配，元件的分类也应落实到各装配工序。所以应分析整个装配工序的内容，事先决定每一道工序的作业量，再将每一道工序的元件分类，然后再根据作业的难度，适当配置装配人员并适当调整工作量，均匀每人的工作时间，这对于制定装配元件的分类计划是至关重要的。

（2）工作台

工作台的构造和大小应根据左右手伸及的最大范围来决定。适当的作业范围是：手臂自然下垂时，以肘关节为中心前臂的活动范围。工作台必须满足以下条件：能有效的使用双手；手的动作距离最短；取物无需换手，取置方便。

（3）装配工具

装配电子设备常用的工具一般为如下三类。

① 装配时必须具备的工具　适用各种操作工序，如十字螺钉旋具、活动扳头、斜口钳、尖嘴钳、剥线钳、镊子、烙铁、剪刀等。

② 辅助工具　主要用来修理，如锉刀、电工钻、钻头、丝攻、电工钳、刮刀、金工锯等。

③ 计量工具及仪表　是装配后进行自查的，如游标卡尺、直尺、万用表等。

操作人员对常用工具的性能应有所了解，熟练地掌握使用方法和操作要领，以及维护知识，这样才能得心应手地使其在生产中发挥作用。随着电子工业的发展，大量新型多功能的电子设备装配的专用工夹具、设备的出现，使大部分的手工操作被取而代之，但常用工具仍然需要。

5.4 印制电路板的插装

印制电路板在整个结构中由于具有许多独特的优点而被大量的使用，因此在当前电子设备组装中，是以印制电路板展开的，印制电路板的组装是整机组装的关键环节。

通常把不装载元件的印制电路板叫做印制基板，它的主要作用是作为元件的支撑体。利用基板上的印制电路，通过焊接把元件连接起来。同时它还有利于板上元件的散热。

印制基板的两侧分别叫做元件面和焊接面。元件面安装元件，元件的引用线通过基板的插孔，在焊接的焊盘处通过焊接的线路连接起来。

5.4.1 印制电路板装配工艺

5.4.1.1 元件的安装方法

安装方法有手工安装和机械安装两种。前者简单易行，但效率低，误装率高；后者安装

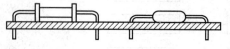

图 5.26 贴板安装

效率快，误装率低，但设备成本高，引线成形要求严格。一般有以下几种安装方式：

（1）贴板安装

安装形式如图 5.26 所示，使用于防振要求高的产品。元器件紧贴印制基板面，安装间隙小于 1mm。当元器件为金属外壳，安装面又有印制导线时，应加绝缘垫或绝缘套管。

（2）悬空安装

安装形式如图 5.27 所示，适用于发热元件的安装。元器件距印制基板面有一定高度，安装距离一般在 3～8mm 范围内。

（3）垂直安装

安装形式如图 5.28 所示，适用于安装密度较高的场合。元器件垂直于印制基板面，但对重量大的元器件不宜采用这种形式。

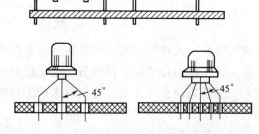

图 5.27 悬空安装

（4）埋头安装

安装形式如图 5.29 所示。这种方式可以提高器件防震能力，降低安装高度。元器件的壳体埋于印制基板的嵌入空内，因此又称为嵌入安装。

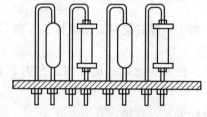

图 5.28 垂直安装

图 5.29 埋头安装

（5）有高度限制时的安装

安装形式如图 5.30 所示。元器件安装高度的限制一般在图纸上是标明的，通常的处理方法是垂直插入后，再朝水平方向弯。对大型元器件要做特殊处理，以保证有足够的机械强度，能抗击振动和冲击。

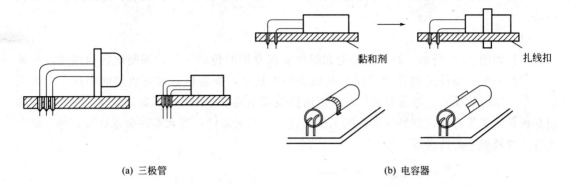

黏和剂　　　　　　　　　　　　　扎线扣

(a) 三极管　　　　　　　　　　　　(b) 电容器

图 5.30　有高度限制时的安装

（6）支架固定安装

安装形式如图 5.31 所示。这种方式适用于重量较大的元件，如小型继电器、变压器、扼流圈等，一般用金属支架在印制基板上将元件固定。

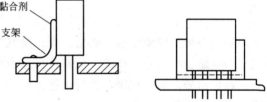

黏合剂
支架

图 5.31　支架固定安装

5.4.1.2　元器件安装注意事项

ⅰ．元器件插好后，其引线的外形处理有弯头的，要根据要求处理好，所有弯脚的弯折方向都应与铜箔走线方向相同。

ⅱ．安装二极管时，除注意极性外，还要注意外形封装，特别是玻璃壳体易碎，引线弯曲时容易爆裂，在安装时可将引线先绕 1～2 圈再装，对于大电流二极管，有的则将引线体当作散热器，故必须根据二极管规格中的要求决定引线的长度，也不宜把引线套上绝缘套管。

ⅲ．为了区别晶体管的电极和电解容的正负端，一般在安装时，加带有颜色的套管以示区别。

ⅳ．大功率三极管一般不宜装在印制电路板上，因为它发热量大，易使印制电路板受热变形。

5.4.2　印制电路板组装工艺流程

5.4.2.1　手工方式

（1）操作顺序

待装元件→引线整形→插件→调整位置→焊接→固定位置→剪切引线→检验。这种操作方式，每个操作者要从头装起到结束，效率低，而且容易出错。

（2）工艺流程

对于设计稳定、大批量生产的产品，印制电路板装配工作量大，每个操作者在规定的时间内，完成指定的工作量（一般限定每人约 6 个元器件插装的工作量）。

一般工艺流程如下：每个元件（约 6 个）插入→全部元器件插入→一次性锡焊→一次性切割引线→检查。引线切割一般用专用设备——割头机，一次切割完成；锡焊通常用波峰焊机完成。每个操作者一台，印制电路板插装完成后，通过传输线送到波峰焊机上。

5.4.2.2　自动装配工艺流程

自动装配要求限定元器件的供料形式，一般使用自动或半自动插件机和自动定位机设备。

（1）自动插装工艺

过程如图 5.32 所示。经过处理的元器件装在专用的传输带上，间断地向前移动，保证每一次有一个元器件进到自动装配机装插头的夹具里，插装机自动完成切断引线、引线成形、移动基板、插入、弯角等动作，并发出插装完毕的信号，之后准备插装第二个元件。印制基板靠传送带自动送到另一个装配工位，装配其他元器件，当元器件全部插装完毕，即自动进入波峰焊接的传送带。

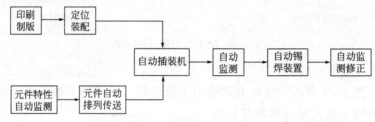

图 5.32　自动插装工艺过程

印制电路板的自动传送、插装、焊、检测等工序，都是用电子计算机进行程序控制的。首先根据电路板的尺寸、孔距、元器件尺寸和在主板上的相对位置等，确定可插装元器件和选定的最好途径，编写程序，然后再把这些程序送入编程机的存储器中，由计算机自动控制完成上述工艺流程。

（2）自动装配对元器件的工艺要求

自动插装是在自动装配机上完成的，元器件装配的一系列工艺措施都必须适合于自动装配机的一些特殊要求，并不是所有的元器件都可以进行自动装配，在这里最重要的是采用标准元器件和尺寸。

对于被装配的元器件，要求他们的形状和尺寸尽量简单、一致、方向易于识别、有互换性等。有些元器件，如金属圆壳形集成电路，虽然在手工装配时具有容易固定、可把引线准确地成型等优点，但自动装配很困难，而双列直插式集成电路却用于自动装配。另外，还有一个元器件的取向问题。即元器件在印制电路板什么方向取向，对于手工装配有没有什么限制。但在自动装配中，则要求沿着 X 轴或 Y 轴取向，最佳设计要指定所有元器件只在一个轴上取向（至多排列在两个方向上）。若想要机器达到最大的有效插装速度，就要有一个最好的元器件排列方式。元器件引线的孔距和相邻元器件引线孔之间的距离，也都应标准化，并尽量相同。

5.5　连接工艺和整机总装工艺

5.5.1　连接工艺

把有关的元器件、零部件等按设计需要连接在规定的位置上。连接方式是多样的，有焊接、压接、绕接、螺纹连接、胶接等。在这些连接中，有的是可拆的，即拆散时不会损伤任何零部件，有的是不可拆的。

连接的基本要求是：牢固可靠，不损伤元器件、零部件或材料，避免碰坏元器件或零部件涂覆层，不破坏元器件的绝缘性能，连接的位置要正确。

焊接、压接、绕接在第3章中已有较详细的叙述。

5.5.1.1　胶接

用胶黏剂将零部件粘在一起的安装方法称为胶接。

胶接属于不可拆卸的连接。胶接广泛用于小型元器件的固定和不便于螺纹装配、铆接装配零件的装配，以及防止螺纹松动和有气密性要求的场合。

（1）胶接的一般工艺过程

① 表面处理　采用机械的方法，即喷砂、钢（铜）丝刷擦或砂纸打磨等。用汽油或酒精擦拭，以除去油脂、水分、杂物。

② 胶黏剂的调配　严格按照配方调配胶黏剂。

③ 涂胶　涂胶应在胶接件表面处理结束后立即进行，采用刷涂、喷涂、滚涂等。在胶接面上形成一层厚度均匀、无气泡、并布满胶接表面的薄膜。需经过一个短暂的晾干阶段。

④ 固化　温度、压力和保持时间是固化的三个重要因素。涂胶后的胶接件必须用夹具夹住；外加压力要分布均匀；凡需加温固化的胶接件，升温不可过快；在固化过程中不允许移动交接件；加热固化后交接件要缓慢降温。

⑤ 清理　固化后多余的胶液可用刀片、锉刀、砂轮等机械方法清理。

⑥ 胶缝检查　胶接处应无裂纹、气泡、漏涂、脱皮、脱胶等现象。

（2）几种常用的胶黏剂

ⅰ. 聚氯乙烯胶又称呋喃化西林胶，用四氢呋喃做溶剂，加聚氯乙烯材料配制而成的。

ⅱ. 环氧树脂胶是以环氧树脂为主，加入填充剂配制而成的胶黏剂。

ⅲ. 厌氧性密封胶是以甲基丙烯酯为主的胶黏剂。

还有其他各种性能的胶黏剂，如：导电胶、导磁胶、导热胶、热熔胶、压敏胶等。

5.5.1.2　螺纹连接

连接一般是用螺钉、螺栓、螺母等紧固件，把各种零部件或元器件连接起来。优点是连接可靠，装拆方便，缺点是应力集中，安装薄板或易损件时容易产生形变或压裂。

（1）螺纹的种类和用途

常用的是牙型角为60°的公制螺纹，分为粗牙螺纹和细牙螺纹，粗牙螺纹是螺纹连接的主要形式。

（2）螺纹连接的形式

螺纹连接有四种形式。

ⅰ. 螺栓连接时，用螺栓贯穿两个或多个被连接件，在螺纹端上螺母，装拆方便，应用较广。

ⅱ. 螺钉连接时，螺钉从没有螺纹孔的一端插入，直接拧入被连接的螺纹孔中。一般用于无法放置螺母的场合。

ⅲ. 双头螺栓连接时，将螺栓插入被连接体，两端用螺母固定。用于厚板零件或需经常拆卸、螺纹孔易损坏的连接场合。

ⅳ. 紧定螺钉连接，主要用于各种旋钮和轴柄的固定。螺钉的尾端一般制成锥形等形状，螺钉通过第一个零件的螺纹孔后，顶紧已调整好的另一个零件，以固定两个零件的相对位置。

（3）常用紧固件

常用的紧固件大多是螺钉、螺母、螺栓、螺柱、垫圈等与螺纹连接有关的零件。此外，还有铆钉和销钉等。

（4）螺纹连接工具的选用

① 螺钉旋具　用于紧固和拆卸螺钉的工具。应用电动一字槽和十字槽气动螺钉旋具。

ⅰ. 一字槽螺钉旋具的规格尺寸如表 5.5 所示。

ⅱ. 十字槽螺钉旋具的规格尺寸如表 5.6 所示。

表 5.5　一字槽螺钉旋具的规格

L/mm	d/mm	$A_r b$/mm	适　用　范　围
50（相当于 2″）	3	0.6×4.5	M2～2.5
65（相当于 2.5″）	0.75×5.5		M3～4
75（相当于 3″）	5	0.8×6	M3～4
100（相当于 4″）	6	1.2×6.5	M3～4
130（相当于 5″）	7	1.2×7.4	M4～5
150（相当于 6″）	7	1.2×7.7	M5～6
275（相当于 12″）	9	1.5×9	M6～8

表 5.6　十字槽螺钉旋具的规格

L/mm	适　用　范　围	L/mm	适　用　范　围
75（相当于 3″）	M2～2.5	130（相当于 5″）	M5
100（相当于 4″）	M3～4	150（相当于 6″）	M6

② 扳手　适用于装配六角和四方螺母，使用省力，不易损伤零件。其品种主要有活动扳手、固定扳手、套筒扳手、什锦扳手等。

（5）螺钉的紧固顺序

零部件的固定一般都需要使用两个以上的成组的螺钉。一定要做到交叉对称，分步拧紧。逐个拧紧容易造成被紧固件倾斜、扭曲和碎裂。第一步将所有螺钉拧入 2/3，并检查零件的情况，第二步再按规定顺序完全拧紧。拆卸螺钉同样需要按一定的顺序分步进行，应防止被拆零件偏斜，影响其他螺钉的拆卸。

5.5.2　整机总装

5.5.2.1　总装的一般顺序

电子整机总装的一般顺序是：先轻后重，先铆后装，先里后外，上道工序不得影响下道工序。整体装配总的质量与各组成部分的装配质量是相关联的。因此，在总装配之前对所有装配件、紧固件等必须按技术要求进行配套和检查。经检查合格的装配件应进行清洁处理，保证表面无灰尘、油污、金属屑等。

5.5.2.2　整机总装的基本要求

ⅰ. 未经检验合格的装配件（零、部、整件）不得安装。已检查合格的装配件必须保持清洁。

ⅱ．要认真阅读安装工艺文件和设计文件，严格遵守工艺规程。总装完成后的整机应符合图纸和工艺文件的要求。

ⅲ．严格遵守总装的一般顺序，防止前后顺序颠倒，注意前后工序的衔接。

ⅳ．总装过程中不要损伤元器件，避免碰坏机箱及元器件上的涂覆层，以免损害绝缘性能。

ⅴ．应熟练掌握操作技能，保证质量，严格执行三检（自检、互检、专职检验）制度。

5.2.2.3　整机总装的工艺过程

电子整机总装是生产过程中极为重要的环节，如果安装工艺、工序不正确，就可能达不到产品的功能要求或预定的技术指标。因此，为了保证整机的总装质量，必须合理安排总装的工艺过程和流水线。

（1）整机总装的工艺过程

① 准备　装配前对所有装配件、紧固件等从数量的配套和质量的合格两方面进行检查和准备，同时作好整机装配及调试的准备工作。

② 装联　装联包括各部件的安装、焊接等内容。

③ 调试　整机调试包括调整和测试两部分工作，即对整机内可调部分（例如，可调元器件及机械传动部分）进行调整，并对整机的电性能进行测试。

④ 检验　整机检验应遵照产品标准（或技术条件）规定的内容进行。通常有下列三类试验，即生产过程中生产车间的交收试验、新产品的定型试验及定型产品的定期试验。

⑤ 包装　包装是电子整机产品总装过程中保护和美化产品及促进销售的环节。侧重于方便运输和储存两个方面。

⑥ 入库或出厂　合格的电子整机产品经过合格的包装，就可以入库储存或直接出厂运往需求部门，从而完成整个总装过程。

（2）流水线作业法

通常电子整机的总装是采用流水线作业法，又称流水线生产方式。流水线作业法是指把一部电子整机的装联和调试等工作划分成若干简单操作项目，每个装配工人完成各自负责的操作项目，并规定顺序把机件传送给下一道工序。

第 6 章 调 试 工 艺

调试既是保证和实现电子整机功能和质量的重要工序，又是发现电子整机设计、工艺缺陷和不足的重要环节。

调试工艺包括：调试工艺流程的安排、调试工序之间的衔接、调试手段的选择和调试工艺指导卡的编制等。

6.1 调试工作内容

调试工作包括调整和测试两个方面。

调整主要是对电路参数而言，即对整机内可调元器件（如可变电阻器、电位器、微调电容器、电感线圈的可调磁芯等）及与电气指标有关的系统、机械传动部分进行调整，使之达到预定的性能指标和功能要求。

测试则是用规定精度的测量仪表对单元电路板和整机的各项技术指标进行测试，以此判断被测项技术指标是否符合规定的要求。

（1）调试工作的内容

ⅰ. 明确调试的具体内容、目的和要求。

ⅱ. 正确合理地选择和使用测试仪器、仪表。

ⅲ. 严格按照调试工艺指导卡的规定，对单元电路板或整机进行调整和测试，完成后按规定的方法紧固调整部位。

ⅳ. 排除调试中出现的故障，并做好记录。

ⅴ. 认真对调试数据进行分析与处理，编写调试工作总结，提出改进意见。

（2）调试前的准备

ⅰ. 调试人员的培训。调试、测试人员熟悉整机工作原理、技术条件及有关指标，仔细阅读调试工艺指导卡，使调试人员明确本工序的调试内容、方法、步骤、设备条件及注意事项。

ⅱ. 技术文件的准备。准备好产品技术条件、技术说明书、电气原理图、检修图和调试工艺指导卡等技术文件。

ⅲ. 仪器、仪表的准备。按照技术条件的规定，准备好测试所需要的各类仪器设备，并按要求放置好。

ⅳ. 被测物件的准备。调试、测试前，对送交调试的单元电路板、部件和整机，进行检验。通电前，应检查设备各电源输入端有无短路现象。

ⅴ. 场地的准备。调试场地应避免高频、高压、强电磁场的干扰。调试高频电路应在屏蔽间进行；调试整机的高压部分，应在调试工位周围铺设合乎规定的地板或绝缘胶垫。

6.2　调试工艺过程

6.2.1　调试工作遵循的一般规律

先调试部件，后调试整机；先内后外；先调试结构部分，后调试电气部分；先调试电源，后调试其余电路；先调试静态指标，后调试动态指标；先调试独立项目，后调试相互影响的项目；先调试基本指标，后调试对质量影响较大的指标。

6.2.2　调试一般工作过程

（1）通电检查

先置电源开关于"关"的位置，检查电源变换开关是否符合要求（交流220V还是交流110V）、保险丝是否装入、输入电压是否正确，然后插上插头，打开电源开关通电。接通电源后，电源指示灯亮，此时应注意有无放电、打火、冒烟现象，有无异常气体。若有这些现象，应立即停电检查。另外，还应检查各种保险开关、控制系统是否起作用，各种散热系统是否正常工作。

（2）电源调试

电子整机中大都具有电源电路，调试工作首先要进行电源部分的调试，才能顺利进行其他项目的调试。

电源调试通常分如下两步进行。

第1步，电源空载粗调。电源电路的调试，通常先在空载状态下进行，切断该电源的一切负载后进行粗调。其目的是避免因电源电路未经调试带负载，容易造成部分电子元器件的损坏。调试时，接通电源电路板的电源，测量有无稳定的直流电压输出，其值是否符合设计要求或调节取样电位器使达到额定值。测试检测点的直流工作电压波形。检查工作状态是否正常，有无自激振荡等。

第2步，电源加负载细调。在粗调正常的情况下，加上定额负载，再测量各项性能指标，观察是否符合设计要求。当达到要求的最佳值时，锁定有关调整元件（如电位器等），使电源电路具有加负载时所需的最佳功能状态。

有时为了确保负载电路的安全，在加载调试之前，先在等效负载（又称假负载）下对电源电路进行调试，以防匆忙接入负载时，使电路受到不应该有的冲击。

（3）分级调试

电源电路调好后，可以进行其他电路的调试，这些电路通常按单元电路的顺序，根据调试的需要，由前到后或从后到前依次接通各部件或印制板的电源，分别进行调试。首先检查和调整静态工作点，然后进行各参数的调整，直到各部分电路均符合技术文件规定的指标为止。注意在调整高频部件时，为了防止工业干扰和强电磁场的干扰，调整工作最好在屏蔽室内进行。

（4）整机调整

各部件调整好之后，接通所有的部件及印制电路板的电源，进行整机调整，检查各部分连接有无影响以及机械结构对电气性能的影响等。整机电路调整好之后，调试整机总电流和消耗功率。

（5）整机性能指标的测试

经过调整和测试，紧固调整元件。在对整机质量进一步检查后，进行全部参数测试，测试结果均应达到技术指标的要求。

（6）环境实验

有些电子设备在调试完成之后，需要进行环境实验，以检验在相应环境下的正常工作能力。环境实验有温度、湿度、气压、振动、冲击等试验，应严格按照技术文件的规定执行。

（7）整机通电老练

大多数电子整机在测试完成之后，均进行整机通电老练试验，目的是提高电子设备工作的可靠性。老练试验应按产品的规定进行。

（8）参数复调

经整机通电老练后，整机各项技术性能指标会有一定程度的变化，通常还需要进行参数复调，使出厂的整机具有最佳的技术状态。

6.2.3　小型电子产品或单元电路板的调试步骤

外观直观检查→静态工作点的测试与调整→波形、点频测试与调整→频率特性的测试与调整→性能指标综合测试。

6.3　静态测试与调整

晶体管，集成电路等有源器件都必须在一定的静态工作点上工作，才能表现出更好的动态特性，所以在动态调试与整机调试之前必须要对各功能电路的静态工作点进行测试与调整，使其符合原设计要求，这样才可以大大降低动态调试与整机调试时的故障率，提高测试效率。

6.3.1　静态测试内容

（1）测试单元电路静态工作总电流

通过测量分块电路静态工作电流，可以及早知道单元电路工作状态，若电流偏大，则说明电路有短路或漏电。若电流偏小，则电路供电有可能出现开路，只有及早测试该电流，才能减小元件损坏。此时的电流只能作参考，单元电路各静态工作点调试完后，还要再测试一次。

（2）三极管静态电压、电流测试

首先，测量三极管三极对地电压，即 U_b、U_c、U_e，来判断三极管是否在规定的状态（放大、饱和、截止）内工作。例如，测出 $U_c=0V$、$U_b=0.68V$、$U_e=0V$，则说明三极管处于饱和导通状态，看该状态是否与设计相同，若不相同，则要细心分析这些数据，并对基极偏置进行适当的调整。

其次，测量三极管集电极静态电流，测量方法有如下两种。

① 直接测量法　直接测量法是把集电极焊接铜皮断开，然后串入万用表，用电流挡测量其电流。

② 间接测量法　间接测量法是通过测量三极管集电极电阻或发射极电阻的电压，然后根据欧姆定律 $I=U/R$，计算出集电极静态电流。

（3）集成电路静态工作点的测试

① 集成电路各端子静态对地电压的测量　集成电路内的晶体管、电阻、电容都封装在一起，无法进行调整。一般情况下，集成电路端子对地电压基本上反映了其内部工作状态是否正常。在排除外围元件损坏（或插错元件、短路）的情况下，只要将所测试电压与正常电压进行比较，即可做出正确判断。

② 集成电路静态工作电流的测量　有时集成电路虽然正常工作，但发热严重，说明其功耗偏大，是静态工作电流不正常的表现，所以要测量其静态工作电流。测量时可断开集成电路供电端子铜皮，串入万用表，使用电流挡来测量。若是双电源供电（即正负电源），则必须分别测量。

（4）数字电路静态逻辑电平的测量

一般情况下，数字电路只有两种电平，以 TTL 与非门电路为例，0.8V 以下为低电平，1.8V 以上为高电平。电压在 0.8～1.8V 之间时电路状态是不稳定的，所以该电压范围是不允许的。不同数字电路高低电平都有所不同，但相差不远。

在测量数字电路的静态逻辑电平时，先在输入端加入高电平或者低电平，然后再测量各输出端的电压是高电平还是低电平，并做好记录。测量完毕后分析其状态电平，判断是否符合该数字电路的逻辑关系。若不符合，则要对电路引线作一次详细的检查，或者更换该集成电路。

6.3.2　电路调整方法

进行测试的时候，可能需要对某些元件的参数作些调整。调整方法一般有两种。

（1）选择法

通过替换元件来选择合适的电路参数（性能或技术指标）。在电路原理图中，元件的参数旁边通常标注"＊"号，表示需要在调整中才能准确地选定。因为反复替换元件很不方便，一般总是先接入可调元件，待调整确定了合适的元件参数后，再换上与选定参数值相同的固定元件。

（2）调节可调元件法

在电路中已经安装有调整元件，如电位器、微调电容或微调电感等。其优点是调节方便，而且电路工作一段时间后，如果状态发生变化，也可以随时调整，但可调元件的可靠性差，体积比固定元件大。

以上两种方法都适用于静态调整和动态调整。静态调试与调试的内容较多，适用于产品研制阶段或初学者试制电路使用。对于不合格电路，也只作简单检查，如观察有没有短路或断线等。若不能发现故障，则立即在底版上标明故障现象，再上维修生产线上维修，这样才不会耽误调试生产线的运行。

6.4　动态测试与调整

动态测试与调整是保证电路各项参数、性能、指标的重要步骤。其测试与调整的项目内容包括动态工作电压、波形的形状及其幅值和频率、动态输出功率、相位关系、频带、放大倍数、动态范围等。对于数字电路来说，只要器件选择合适，直流工作点正常，逻辑关系就不会有太大问题，一般测试电平的转换和工作速度即可。

6.4.1　测试电路动态工作电压

测试内容包括三极管 b、c、e 极和集成电路各端子对地的动态工作电压。动态电压与静态电压同样是判断电路是否正常工作的重要依据，例如有些振荡电路，当电路起振时测量 U_{be} 直流电压，万用表指针会出现反偏现象，利用这一点可以判断振荡电路是否起振。

6.4.2　测量电路重要波形及其幅度和频率

无论是在调试还是在排除故障的过程中，波形的测试与调整都是一个相当重要的技术。各种整机电路中都有可能有波形产生或波形处理变换的电路。为了判断电路各种过程是否正常，是否符合技术要求，常需要观测各被测电路的输入、输出波形，并加以分析。对不符合技术要求的，要通过调整电路元器件的参数，使之达到预定的技术要求。在脉冲波形变换中，这种测试更为重要。

大多数情况下观察的波形都是电压波形，有时为了观察电流波形，可通过测量其限流电阻的电压，再转成电流的方法来测量。用示波器观测波形时，示波器上限频率应高于测试波形的频率。对于脉冲波形，示波器的上升时间还必须满足要求。观测波形的时候可能会出现不正常的情况，只要细心分析波形，总会找出排除的办法。如发生测量点没有波形这种情况应重点检查电源，静态工作点，测试电路的连接等。

6.4.3　频率特征的测试与调整

频率特征是电子电路中的一项重要技术指标。电视机接收图像质量的好坏主要取决于高频调谐器及中放通道频率特征。所谓频率特性是指一个电路对于不同频率、相同幅度的输入信号（通常是电压）在输出端产生的响应。测试电路频率特性的方法一般有两种，即信号源与电压表测量法和扫描仪测量法。

（1）用信号源与电压表测量法

用信号源与电压表测量方法是在电路输入端加入按一定频率间隔的等幅正弦波，并且每加入正弦波就测量一次输出电压。功率放大器常用这种方法测量其频率特性。

（2）用扫频仪测量频率特性

把扫频仪输入端和输出端分别与被测电路的输出端和输入端连接，在扫频仪的显示屏就可以看出电路对各点频率的响应幅度曲线。采用扫频仪测试频率特性，具有测试简便、迅速、直观、易于调整等特点，常用于各种中频特性调试、带通调试等。如收音机的调幅 465kHz（或 455kHz）和调频 10.7MHz 常用于扫频仪（或中频特性测试仪）来调试。

动态调试内容还有很多，如电路放大倍数、瞬态响应、相位特性等，而且不同电路要求动态调测项目也不同。

6.5　调试与检测仪器

调试与检测仪器指的是传统电子测量仪器。电子测量仪器总体可分为专用仪器和通用仪器两大类。专用仪器为一个或几个产品而设计，可检测该产品的一项或多项参数，例如电视信号发生器、电冰箱性能测试仪等。通用仪器为一项或多项电参数的测试而设计，可检测多种产品的电参数，例如示波器、函数发生器等。

对通用仪器，一般功能又可细分为以下几类。

ⅰ．信号放生器，用于产生各种测试信号，如音频、高频、脉冲、函数、扫频等信号。

ⅱ．电压表及万用表，用于测量电压及派生量，如模拟电压表、数字电压表、各种万用表、毫伏表等。

ⅲ．信号分析仪器，用于观测、分析、记录各种信号，如示波器、波形分析仪、逻辑分析仪等。

ⅳ．频率时间相位测量仪器如频率计、相位计等。

ⅴ．元器件测试仪，如 L、C 测试仪、晶体管测试仪、Q 表、晶体管图示仪、集成电路测试仪等。

ⅵ．电路特性测试仪，如扫频仪、阻抗测量仪、网络分析仪、失真度测试仪等。

ⅶ．其他仪器则是用于和上述仪器配合使用的辅助仪器，如各种放大器、衰减器、滤波器等。

6.5.1　仪器的选择与配置

6.5.1.1　选择原则

ⅰ．测量仪器的工作误差应远小于被测量参数要求的误差。一般要求仪器误差小于被测参数要求的十分之一。例如某产品要求直流电压误差小于 1%，如果选用普通指针式万用表（一般电压测量误差 2.5%）或数字万用表（电压测量误差为 0.5%±1 字）均达不到要求，应选用误差在 0.03% 以下的数字万用表。

ⅱ．仪器的测量范围和灵敏度应覆盖被测量的数值范围。例如某产品信号源频率为 $10Hz \sim 1MHz$，则选用普通 10MHz 以上的示波器即可满足要求。

ⅲ．仪器输入输出阻抗要符合被测电路要求。例如测量一个阻抗为 $10k\Omega$ 的电路电压，如果用普通指针式万用表（阻抗为 $20k\Omega/V$ 以下）测量误差就很大。

ⅳ．仪器输出功率应大于被测电路的最大功率，一般在一倍以上。

以上几条是基本原则，实际应用可根据现有资源和产品要求灵活应用。例如要测量功率为 10W 的音箱，而手头仅有 2W 的信号发生器，这时可以以一个功率放大器（功率、频响和失真度满足要求测试要求）作为测试接口。

6.5.1.2　配置方案

调试与检测仪器的配置要根据工作性质和产品要求确定，具体要求如下：

（1）一般从事电子技术工作的最低配置

① 万用表　最好模拟表及数字表各一台，因为数字表有时出现故障不容易察觉，比较而言，指针表可信度较高。

数字万能表误差在 0.03% 以下即可满足大多数应用，位数越多精度和分辨率越高。指针表应选直流电压挡阻抗为 $20k\Omega/V$ 且有晶体管测试功能的。

② 信号发生器　根据工作性质选频率及挡次。普通 $1Hz \sim 1MHz$ 低频函数信号发生器可满足一般的测试要求。

③ 示波器　示波器价格比较高且属耐用测试仪器，普通 $20 \sim 40MHz$ 的双跟踪示波器可完成一般测试工作。

④ 可调稳压电源　至少双路 $0 \sim 24V$ 或 $0 \sim 32V$ 可调，电流 $1 \sim 3A$，稳压稳流可自动转换。

（2）标准配置

除上述四种基本仪器外，再加上频率计数器和晶体管特性图示仪，即可以完成大部分电子测试工作。如果再有一两台针对具体工作领域的仪器（例如失真度仪和扫频仪等），即可完成主要调试检测工作。

（3）产品项目调试检测仪器

对于特定的产品，又可以分为两种情况：

① 小批量多品种　一般用通用和专用仪器组合，加上少量自制的辅助电路构成，这种组合适用，但效率不高。

② 大批量生产　应以专用和自制设备为主，强调高效和操作简单。

6.5.2　仪器的使用

电子测量不同于家用电器，要求使用者具备一定的电子技术专业知识，才能使仪器正常使用并发挥应有的功效。

6.5.2.1　正确选择仪器功能

这里的"选择"不是指一般使用电子仪器时首先要求正确选择功能和量程，而是针对测量仪器要求而进行的正确选择，这一点对保证测量顺利、正确进行非常重要，但实际工作中往往不重视。

用示波器观测脉冲波形是一个典型的例子，一般示波器都带有 1:1 和 10:1 两个探头，或在 1 个探头上有两种转换。用哪一种探头更能真实的再现脉冲波形，很多人不假思索地认为是 1:1 的探头。其实不然，由于示波器输入电路不可避免地有一定输出电容［见图 6.1(a)］，在输入信号频率较高时，将使观测到的波形畸变［图 6.1(c)］，而 10:1 的探头由于探极中有衰减变阻 R_1 和补偿电容 C_1［图 6.1(b)］。调节 C_1 可使 $R_1C_1 = R_iC_i$，从理论上讲此时的输入电容 C_i 不存在对信号有作用，因而能够实现输入脉冲信号。

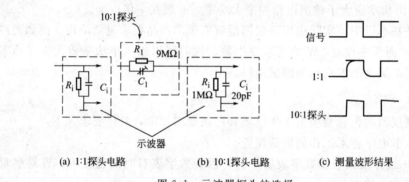

(a) 1:1探头电路　　　　(b) 10:1探头电路　　　　(c) 测量波形结果

图 6.1　示波器探头的选择

再如有的频率计数器附带一个滤波器，当测量某个信号时，必须加上滤波器结果才是正确的。

6.5.2.2　合理接线

对测量仪器的接线，一个最基本、最重要的要求是：顺着信号传输方向，力求最短，图6.2 是接线方式对比。

6.5.2.3　保证精度

保证测量精度最简单有效的方法是对有自校装置的仪器（如一部分频率计和大部分示波器），每次使用时都进行一次校对。对没有自校装置的仪器，再利用精度高的标准仪器，校精度较低的仪器，例如用四位半数字多用表校常用的指针表或三位半数字表。

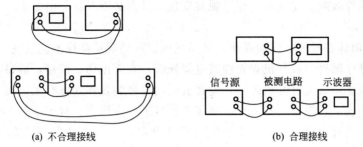

(a) 不合理接线　　　　　　　　(b) 合理接线

图 6.2　仪器接线方式

6.5.2.4　谨防干扰

检测仪器使用不当会引入干扰，轻则使测试结果不理想，重则使测试结果与实际相比面目全非或无法进行测量。引起干扰的原因多种多样，克服干扰的方法也各有千秋，以下几点是最基本的，并经实践证明是最有效的方法：

（1）接地

接地连线要短而粗；接地点要可靠连接，以降低接触电阻；多台测量仪器要考虑一点接地（见图 6.3）；测试引线的屏蔽层一端要接地。

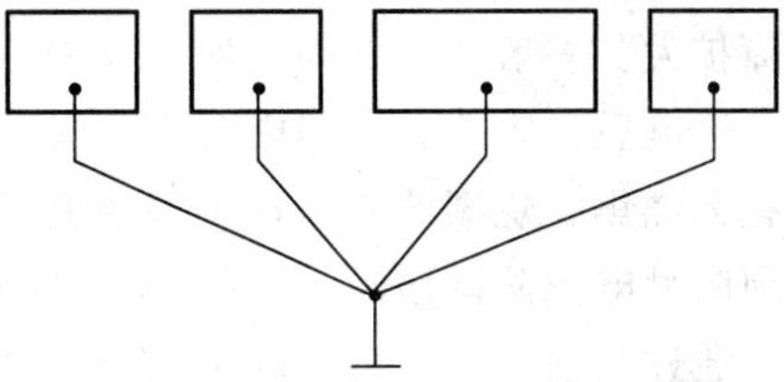

图 6.3　一点接地

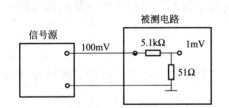

被测电路需1mV信号,信号源输出
100mV在电路板上衰减

图 6.4　防止传输干扰

（2）异线分离

输入信号线与输出信号线分离；电源线（尤其 220V 电源线）远离输入信号线；信号线之间不要平行放置；信号线不要盘成闭合形状。

（3）避免弱信号传输

从信号源经电缆引出的信号尽可能不要太弱，可采用测试电路衰减方式（见图6.4）。在不得已传输弱信号的情况下，要求传输线要粗、短、直，最好有屏蔽层（屏蔽层不能作导线用）且一端接地。

6.6　故障检测方法

采用适当的方法，查找、判断和确定故障的具体部位及其原因，是故障检测的关键。下面介绍的各种故障检测方法，是长期实践中总结归纳出来的行之有效的方法。具体应用中要针对具体检测对象，交叉、灵活地加以运用，并不断总结适合自己工作领域的经验方法，才能达到快速、准确、有效排除故障的目的。

6.6.1　观察法

观察法是通过人体感觉发现电子线路故障的方法。这是一种最简单、最安全的方法，也是各种仪器设备通用的检测过程的第一步。观察法又可分为静态观察法和动态观察法两种。

6.6.1.1　静态观察法

它又称为不通电观察法。在电子线路通电前主要通过目视检查找出某些故障。实践证明，占电子线路故障相当比例的焊点失效，导线接头断开，电容器漏液或炸裂，接插件松脱，电接点生锈等故障，完全可以通过观察发现，没有必要对整个电路大动干戈，导致故障升级。

"静态"强调静心凝神，仔细观察，马马虎虎、走马观花往往不能发现故障。静态观察，要先外后内，循序渐进。打开机壳先检查电器外表，有无损伤；按键、插口、有限电缆有无损坏；保险是否烧断等。打开机壳后，先看机壳内各种装置和元件有无碰撞、断线、烧坏等现象，然后用手或工具拨动一些元件、导线等进行进一步检查。对于试验电路或样机，要对照原理图检查接线有无错误，元件是否符合设计要求，IC管有无插错方向或折弯，有无漏焊、桥接等故障。

6.6.1.2 动态观察法

动态观察法又称通电观察法，即给线路通电后，运用人体视觉、嗅觉、听觉、触觉检查线路故障。通电观察，特别是较大设备通电时应尽可能采用隔离变压器和调压器加电，防止故障扩大。一般情况下还应使用仪表，如电压表、电流表等监视电路状态。

通电后，眼要看电路内有无打火、冒烟等现象；耳要听电路内有无异常声音；鼻要闻电器有无烧焦、烧糊的异味；手要触摸一些管子、集成电路是否发烫（注意：高压、大电流电路须防触电、防烫伤），发现异常立即断电。

通过观察，有时可以确定故障原因，但大部分不能确认故障确切部位及原因。例如一个集成电路发热，可能是周边电路故障，也可能是供电电压有误；可能是负载过重，也可能是电路自激，当然不能排除集成电路本身损坏，必须配合其他检测方法，分析判断，找出故障所在。

6.6.2 测量法

测量法是故障检测中使用最广泛、最有效的方法。根据检测的电参数特性又可以分为电阻法、电压法、电流法、逻辑状态法和波形图。

6.6.2.1 电阻法

电阻是各种电子元器件和电路基本特征，利用万用表测量电子器件或电路各点之间电阻值来判断故障的方法称为电阻法。

测量电阻值，最有效的方法有"在线"和"离线"两种基本方式。"在线"测量，需要考虑被测元件受其他并联支路的影响，测量结果应对照原理图分析判断。"离线"测量需要将被测元件或电路或印制板上脱焊下来，操作较麻烦但结果准确可靠。

用电阻法测量集成电路，通常先将一个表笔接地，用另一表笔测各端子对地的电阻值，然后交换表笔再测一次，将测量值与正常值（有些维修资料给出，或自己积累）进行比较，相差较大者往往是故障所在（不一定是集成电路损坏）。

电阻法对确定开关、接插件、导线、印制板导电图形的通断及电阻器的变质，电容器短路，电感线圈断路等故障非常有效而且快捷，但对晶体管、集成电路及电路单元来说，一般不能直接判定故障，需要对比分析或兼用其他方法，但由于电阻法不用给电路通电，因此可将检测风险降到最低，故一般检测被首先采用。采用电阻法测量时要注意：

ⅰ．使用电阻法时应在线路断电、大电容放电的情况下进行，否则结果不准确，还可能损坏万用表。

ⅱ．在检测低电压的集成电路（≤5V）时避免用指针式万用表的 10k 挡。

ⅲ．在线测量时应将万用表表笔交替测试，对比分析。

6.6.2.2 电压法

电子线路正常工作时，线路各点都有一个确定的工作电压，通过测量电压来判断故障的方法称为电压法。电压法是通过检测手段中最基本、最常用的方法。根据电源性质又可分为交流和直流两种电压测量。

（1）直流电压测量

检测直流电压一般分为以下三步。

ⅰ. 测量稳定电路输出端是否正常。

ⅱ. 各单元电路及电路的关键"点"，例如放大电路输出点，外接部件电源端等处电压是否正常。

ⅲ. 电路主要元器件如晶体管、集成电路各管脚电压是否正常，对集成电路首先要测电源端。比较完善的产品说明书中应给出电路各点正常工作电压，有些维修资料中还提供集成电路各端子的工作电压。另外也可对比正常工作时同种电路测得的各点电压。偏离正常电压较多的部件或元器件，往往就是故障所在部位。这种检测方法，要求工作者具有电路分析能力并尽可能收集相关电路的资料数据，才能到达事半功倍的效果。

（2）交流电压测量

对 50～60Hz 市电升压或降压后的电压用万用表 AC 挡的合适量程即可；其他频率范围的交流电压的测量要考虑所使用电压表频率特性，一般指针式万用表为 45～2000Hz，数字式为 45～500Hz，超范围或非正弦波测量，其结果都不正确。

6.6.2.3 电流法

电子线路正常工作时，各部分工作电流是稳定的，偏离正常值较大的部位往往是故障所在。这就是用电流法检测线路故障的原理。

电流法有直接测量和间接测量两种方法。直接测量就是将电流表直接串接在欲检测的回路测得电流值的方法。这种方法直观、准确，但往往需要对线路作"手术"，例如需要断开导线，脱焊元器件端子等，才能进行测量，因而不大方便。对整机总电流的测量，一般可通过将电流表的两个表笔接到开关上的方式测得，对使用 220V 交流电的线路必须注意测量安全。

间接测量法实际上是用测电压的方法换算成电流值。这种方法快捷方便，但如果所选测量点的元器件有故障，则不容易准确判断。如图 6.5 所示，欲通过测 R_e 的电压降确定三极管电流是否正常，如 R_e 本身阻值偏差较大或 C_e 漏电，都可引起误判。

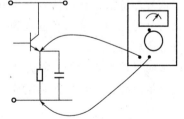

图 6.5 间接法测量电流

采用电流法检测故障，应对被测电路正常工作电流值事先心中有数。一方面大部分线路说明书或元器件样本中都给出正常工作电流值或功耗值，另一方面通过实践积累可大致判断各种电路和常用元器件工作电流范围，例如一般运算放大器，TTL 电路静态工作电流不超过几毫安，CMOS 电路则在毫安级等。

6.6.2.4 波形法

对交变信号产生和处理电路来说，采用示波器观察信号通路各点的波形是最直观、最有效的故障检测方法。波形法主要应用于以下三种情况。

（1）波形的有无和形状

在电子线路中一般对电路各点的波形有无和形状是确定的，如果测得该点波形没有或形状相差很大，则故障发生于该电路的可能性较大。当观察不应出现的自激振荡或调制波形时，虽不能确定故障部位，但可从频率、幅值大小分析原因。

（2）波形失真

在放大或缓冲电路中，若电路参数失配或元器件选择不当或损坏都会引起波形失真，通过观测波形和分析电路可以找出原因。

（3）波形参数

利用示波器测量波形的各种参数，如幅值、周期、前后沿相位等，与正常工作时的波形参数对照，可找出故障原因。

应用波形法要注意以下几点。

ⅰ．对电路高电压和大幅度脉冲部位一定要注意不能超过示波器的允许电压范围。必要时采用高压探头或对电路观测点采取分压取样等措施。

ⅱ．示波器接入电路时本身输入阻抗对电路也有一定影响，特别在测量脉冲电路时，要采用有补偿作用的 10：1 探头，否则观测的波形也实际不符。

6.6.2.5 逻辑状态法

对数字电路而言，只需要判断电路各部位的逻辑状态即可确定电路工作是否正常。数字逻辑主要有高低两种电平状态，另外还有脉冲串及高阻状态。因而可以使用逻辑笔进行电路检测。

逻辑笔具有体积小、携带使用方便的优点。功能简单的逻辑笔可测单种电路（TTL 或 CMOS）的逻辑状态，功能较全的逻辑笔除可测多种电路的逻辑状态外，还可测量脉冲个数。有些还具有脉冲信号发生器作用，可发出单个脉冲或连续脉冲以供检测电路用。

6.6.3 跟踪法

信号传输电路，包括信号获取（信号产生），信号处理（信号放大、转换、滤波、隔离等）以及信号执行电路，在现代电子电路中占有很大比例。这种电路的检测关键是跟踪信号的传输环节。具体应用中根据电路的种类有信号寻迹法和信号注入法两种。

6.6.3.1 信号寻迹法

信号寻迹法是针对信号产生和处理电路的信号流向寻找信号踪迹的检测方法，具体检测时又可分为正向寻迹（有输入到输出顺序查找）、反向寻迹（由输出到输入的顺序查找）和等分寻迹三种。

正向寻迹是常用的检测方法，可以借助测试仪器（示波器、频率计、万用表等）逐级定性、定量检测信号，从而确定故障部位。图 6.6 是交流毫伏表的电路框图及检测示意图。用

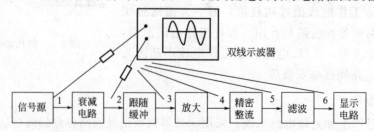

图 6.6　交流毫伏表的电路框图及检测示意图

一个固定的正弦波信号加到毫伏表输入端，从衰减电路开始逐级检测各级电路，根据该级电路功能及性能可以判断该处信号是否正常，逐级观测，直到查出故障。显然，反向寻迹检测仅仅是检测顺序不同。

等分寻迹对于单元较多的电路是一种高效的方法。以某仪器的时基信号生成电路为例说明这种方法。该电路由置于恒温槽中的晶体振荡器产生 5MHz 信号，经 9 级分频电路，产生测试要求的 1Hz 和 0.01Hz 信号，如图 6.7 所示。

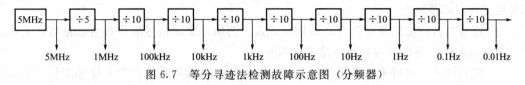

图 6.7　等分寻迹法检测故障示意图（分频器）

电路共有 10 个单元，如果第 9 单元有问题，采用正向法需测试 8 次才能找到。等分寻迹法是将电路分为两部分，先判定故障在哪一部分，然后将有故障的部分再分为两部分检测。仍以第 9 单元故障为例，用等分寻迹法测 1kHz 信号，发现正常，判定故障在后半部分；再测 1Hz 信号仍正常，可判定故障在 9、10 单元，第三次测 0.1Hz 信号，即可确定第 9 单元的故障。显然，等分寻迹法大为提高。

等分寻迹法适用多级串联结构的电路，且各级电路故障率大致相同，每次测试时间差不多。对于有分支、有反馈或单元较少的电路不适用。

6.6.3.2　信号注入法

对于本身不带信号产生电路或信号产生电路有故障的信号处理电路采用信号注入法是有效的。所谓信号注入，就是在信号处理电路的各级输入端输出已知的外加测试信号，通过终端指示器（例如指示仪表、扬声器、显示器等）或检测仪器来判断电路工作状态，从而找出电路故障。

各种广播电视接收设备是采用信号注入法检测的典型。图 6.8 是一个典型调频立体声收音机框图。检测时需要两种信号：鉴频器之前要求调频立体声信号，解码器之后是音频信号。通常检测收音机电路是采用反向信号注入，即先将一定频率和幅度的音频信号从 AR、AL 开始逐渐向前推移，通常扬声器或耳机监听声音的有无和音质及大小，从而判断电路故障。如果音频电路部分正常，就要调频立体声源从 G、H⋯ 依次注入，直到找出故障点。

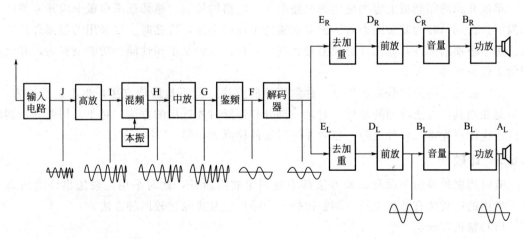

图 6.8　调频立体声收音机框图

采用信号注入法检测时要求注意以下几点。

ⅰ. 信号注入顺序根据具体电路可采用正向、反向或中间注入的顺序。

ⅱ. 注入信号的性质和幅度要根据电路和注入点变化，如上例收音机音频部分注入信号，越靠近扬声器需要的信号越强，同样信号注入 B_R（B_L）点可能正常，注入 D_R（D_L）点可能过强使放大器饱和失真。通常可以估测注入点工作信号作为注入信号的参考。

ⅲ. 注入信号时要选择合适接地点，防止信号源和被测电路相互影响。一般情况下可选择靠近注入点的接地点。

ⅳ. 信号与被测电路要选择合适的耦合方式。例如，交流信号应串接合适电容，直流信号串接适当电阻，使信号与被测电路阻抗匹配。

ⅴ. 信号注入有时可采用简单易行的方式，如收音机检测时就可用人体感应信号作为注入信号（即手持导电体碰触响应电路部分）进行判别。同理有时也必须注意感应信号对外加信号检测的影响。

6.6.4 替换法

替换法是用规格性能相同正常元器件、电路或部件、代替电路中被怀疑的相应部分，从而判断故障所在的一种检测方法，也是电路调试、检修中最常用的，最有效的方法之一。实际应用中，按替换的对象不同，可分为如下三种方法。

（1）元器件替换

元器件替换除某些电路结构方便外（例如带插接件的 IC，开关，继电器等），一般都需拆焊，操作比较麻烦而且容易损坏周边电路或印制板，因此元器件替换一般只作为其他检测方法均难判别时才采用的方法，并且尽量避免对电路板做"大手术"。例如，怀疑某两端引线元器件开路，可直接焊上一个新元件试验之；怀疑某个电容容量减小可再并上一只电容试试。

（2）单元电路替换

当怀疑某一单元电路有故障时，另用一台同样型号或类型的正常电路，替换等待查机器的相应单元电路，可判定此单元电路是否正常。对现场维修要求较高的设备，应尽可能采用替换的方式。

（3）部件替换

单位面积的印制板上容纳更多的电路单元。电路的检测、维修逐渐向板卡级甚至整体方向发展。特别是较为复杂的由若干独立功能件组成的系统，检测时主要采用的是部件替换方法。用于替换的部件与原部件必须型号、规格一致，或者是主要性能、功能兼容的，并且能正常工作的部件。

最后需要强调的是替换法虽是一种常用检测方法，但不是最佳方法，更不是首选方法。它只是在用其他方法检测的基础上对某一部分有怀疑时才选用的方法。对于采用微处理器的系统还应注意先排除软件故障，然后才进行硬件检测和替换。

6.6.5 比较法

有时用多种检测手段及试验方法都不能判定故障所在，此时采用比较法也许能出奇制胜。常用的比较法有整机比较、调整比较、旁路比较及排除比较四种方法。

（1）整机比较法

整机比较法是将故障机与同一类型正常工作的机器进行比较，查找故障的方法。这种方法对缺乏资料而本身较复杂的设备，例如以微处理器为基础的产品尤为适用。

整机比较法是以检测法为基础的。对可能存在故障电路部分进行工作点测定和波形观察，或者信号监测，比较好坏设备的差别，往往会发现问题。当然由于每台设备不可能完全一致，检测结果还要分析判断，因此这些常识性问题需要基本理论基础和日常工作的积累。

（2）调整比较法

调整比较法是通过整机设备可调元件或改变某些现状，比较调整前后电路的变化来确定故障的一种检测方法。这种方法特别适用于放置时间较长，或经过搬运，跌落等外部条件变化引起故障的设备。

正常情况下，检测设备时不应随便变动可调部件。但因为设备受外界力作用有可能改变出厂的整定而引起故障，所以在检测时，在事先做好复位标记的前提下可改变某些可调电容、电阻、电感等元件，并注意比较调整前后设备的工作状况。有时还需要触动元器件端子、导线、接插件或者将插件拔出重新插接，或者将怀疑印制板部位重新焊接等，注意观察和记录状态变化前后设备的工作状况，以发现故障和排除故障。

运用调整比较法时最忌讳乱调乱动，而又不做标记。调整和改变现状应一步一步改变，随时比较变化前后的状态，发现调整无效或向坏的方向变化时应及时恢复。

（3）旁路比较法

旁路比较法是用适当容量和耐压的电容对被检测设备电路的某些部位进行旁路的比较检查方法，适用于电源干扰、寄生振荡等故障。因为旁路比较实际上是一种交流短路试验，所以一般情况下先选用一种容量较小的电容，临时跨接在有疑问的电路部位和"地"之间，观察比较故障现象的变化。如果电路向好的方向变化，可适当加大电容容量再试，直到消除故障，根据旁路的部位可以判定故障的部位。

（4）排除比较法

有些组合整机或组合系统中往往有若干相同功能和结构的组件，调试中发现系统功能不正常时，不能确定引起故障的组件，在这种情况下采用排除比较法容易确认故障所在。方法是逐一插入组件，同时监视整机或系统，如果系统正常工作，就可以排除该组件的嫌疑，再插入另一块组件试验，直到找出故障。

例如，某控制系统用 8 个插卡分别控制 8 个对象，调试中发现系统存在干扰，采用比较排除法，当插入第五块卡时干扰现象出现，确认问题出在第五块卡上，用其他卡代之，干扰排除。

注意：

ⅰ．上述方法是递加排除，显然也可以采用逆向方向，即递减排除；

ⅱ．这种多单元系统故障有时不是一个单元组件引起的，这种情况下应多次比较才可排除；

ⅲ．采用排除比较法时注意每次插入或拔出单元组件都要关断电源，防止带电插拔造成系统损坏。

第 7 章 电子技术文件

从事电子技术工作离不开各种各样的电气图，如电路图、方框图、印制图、装配图等，以及各种技术表格、文字等，这些图、文、表统称为技术文件。了解技术文件的基本知识，准确识别、正确绘制、灵活运用是掌握电子技术的重要环节。

7.1 概述

7.1.1 应用领域

电子技术文件对所有领域电子技术工作都非常重要。但由于工作性质和技术要求的不同，形成了专业制造和普通应用两类不同的应用领域。

专业制造是指从事电子产品规模生产的领域。在这里，产品技术文件具有生产法规的效力，必须执行统一的、严格的标准，实行严明的管理，不允许个人的"创意"和"灵活"，生产部门完全按图纸进行工作，一条线、一个点的失误都可能造成巨大的损失；技术部门分工明确，等级森严，各司其职，各管一段；一张图一旦通过审核签署，便不能随意更改，即使发现错误，操作者也不能改动。

普通应用则是一个极为广泛的领域，它泛指除专业制造以外所有应用电子技术的领域，包括学生电子实验设计，业余电子科技活动、企业技术改革等。在这里，技术文件始终是一个不断完善的过程；单件、小批量作坊式生产模式，使技术文件的严肃性和权威性大打折扣；一个小组，甚至一个人，既搞设计，又管工艺，甚至采购、制作、调试一条龙，技术文件的管理具有很大随意性，文件的编号、图纸的格式很难正规和统一，在普通应用领域中对技术文件有自己的要求和特点，与专业制造领域差别是很大的。

7.1.2 基本要求

这里的技术图包括了表格和文字，基本要求是对电子技术普通应用领域而言的。

（1）共同语言

技术文件是用规定的"工程语言"描述电路设计内容、表达设计思想，指导电子实践活动和传递信息的媒体。这种语言的"词汇"就是各种图形符号及标记，其"语法"则是有关图形、符号、标记的规则及表达方式。

（2）科学作风

学习和从事电子技术工作，要养成严谨的科学作风，图形符号不合规范，标注不按规定，绘制的图纸就无法正常交流甚至耽误工作。特别是要杜绝那些小范围流行的"土标准"，以及随意篡改国家标准的做法。

（3）应变能力

在强调严格执行国家标准的同时，有不少不符合国标，但却"约定俗成"的图形符号、标记流行存在的现实。要求具有能读懂它们，为此，要介绍各种非国标的图形、符号和规则。

7.1.3　分类及特点

（1）电子技术图的分类

电子技术图按使用功能可分为原理图和工艺图两大类。图7.1是电子技术图分类示意图。其中有"△"标记为产品必备技术资料。

另一种分类方式是按专业制造厂的技术分工将图分为设计文件和工艺文件两大类，因为在专业制造厂设计和工艺是两个不同的技术部门。但对普通应用领域来说，更具实际意义的分类是按电子技术图本身特性，分为工程性图表和说明性图表两大类。在图7.1中，有"○"标记者为工程性图表，其余为说明性图表。

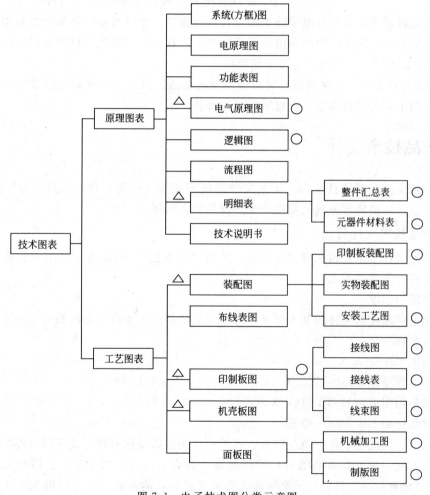

图7.1　电子技术图分类示意图

（2）工程性图表特点

工程性图表是为产品的设计、生产而用的，具有明显的"工程"属性，是企业的技术资产，除产品说明书外一般不对外公开。

（3）说明性图表特点

说明性图表用于非生产目的，例如技术交流，技术说明，教学、培训等方面。这类图相对"自由度"比工程图大，例如图纸的比例，图符图栏以及签署、更改等。其主要特点如下。

ⅰ. 随着电子科学技术的发展，不断有新的元器件、组件涌现，因此不断有新的名词、符号和代号出现。例如图 7.2(a) 就是一个国际未规定的图形符号。

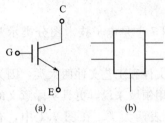

图 7.2 集成电路或功能模块

ⅱ. 集成电路、大规模集成电路、超大规模集成电路，以及微组装混合电路等高度集成化的技术，使一片电路具有成千上万个分立器件才能达到的电路功能，传统的象形符号已不足以表达其结构及功能，象征符号被大量采用，例如图 7.2(b) 所示。

ⅲ. 除部分图具有机械工程图的（如机壳图、印制板机械加工图等）特点外，大部分电子技术图以表达元器件、部件及电路各部分之间相互连接关系为主，它们在空间的实际距离和位置则是次要的，这一点同其他工程图有很大区别。

ⅳ. 电子技术图在不误解的前提下追求简化。

ⅴ. 说明性图有较大的灵活性，可根据需要将框图、原理图、功能表图及实物图穿插使用，也可在图中标明元器件型号、规格等具体参数。

7.2 产品技术文件

产品技术文件包括设计文件、工艺文件和研究试验文件等，是产品从设计、制造到检验、储运，以及从销售服务到使用维修全过程的基本依据。

7.2.1 产品技术文件特点

产品技术文件是企业组织和实施产品生产的"基本法"，规模化生产组织和质量控制对产品技术文件有严格的要求。

（1）严格的标准

标准化是产品技术文件的基本要求。标准化的依据是关于电气制图和电气图形符号的国家标准。这些标准是：

电气制图 GB 6988.X—86　　　　　　　　　　共 7 项

电气图形符号标准 GB 4728.X—8X　　　　　　共 13 项

电气设备用图形符号 GB 5465.X—85　　　　　共 2 项

相关封装标准 GB 5094—85 等　　　　　　　　共 5 项

上述标准详细规定了各种电气符号、各种电气用图以及项目代号文字符号等，覆盖了技术文件各个方面。标准基本采用 IEC 国际标准，具有先进性、科学性、实用性和对外交流的通用性。"企业标准"只能是国家标准的补充或延伸，而不能与国家标准相左。技术成果的验收、产品的鉴定都要进行标准化审查。

（2）严谨的格式

按照国家标准，工程技术图具有严谨的格式，包括图样编号、图幅、图栏、图幅分区等。其中图幅、图栏等采用与机械图兼容的格式，便于技术文件存档和成册。

（3）严明的管理

产品技术文件由企业技术管理部门进行管理，涉及文件的审核、签署、更改、保密等方面，都由企业规章制度约束和规范。

7.2.2 设计文件

设计文件是企业设计部门制定的产品技术文件，它规定了产品的组成、结构、原理以及产品制造、调试、验收、储运全过程所需的技术资料，也包括产品实用和维修资料。

（1）设计文件分类

分类情况如图 7.3 所示。

（2）设计文件组成及完整性

设计文件必须完整成套。可参考表 7.1。

按表达内容分 { 图样(以投影关系绘制的图) / 简图(以图形符号为主) / 文字表格 }

按使用特征分 { 草图 / 原图 / 底图 { 基本底图 / 副底图 / 复制底图 } }

图 7.3 设计文件分类

表 7.1 设计文件组成

序号	设计文件名称	文件简号	试样设计文件				定型设计文件			
			1级成套设备	2级 3级 4级 整件	5级 6级 部件	7级 8级 零件	1级成套设备	2级 3级 4级 整件	5级 6级 部件	7级 8级 零件
1	零件图					△				△
2	装配图			△	△			△	△	
3	外形图	WX	○				○			
4	安装图	AZ	○	○			○	○		
5	总布置图	BL	○				○			
6	电路图	DL	○	△			○	△		
7	接线图	JL		△	○			△	○	
8	逻辑图	LJ	○	○			○	○		
9	方框图	FL	○	○			○			
10	线缆连接图	LL	○	○			○			
11	机械原理图	YL	○	○			○			
12	机械传动图	CL	○	○			○			
13	气液压原理图	QL	○	○			○			
14	其他图样	TT	○	○	○	○	○	○	○	○
15	技术条件	JT	△	△			△	△		
16	技术说明书	JS	△				△			
17	细则	XZ	○	○			○			
18	说明	SM	○	○			○			
19	计算文件	JW	○	○			○			
20	其他文件	TW	○	○			○	○		○
21	明细表	MX	△	△			△	△		
22	备附件及工具配套表	BH	○	○			△	○		
23	使用文件汇总表	YH	△	○			△	○		
24	标准件汇总表	BZ	○	○			△	○		
25	外购件汇总表	WG	○	○			△	○		
26	其他表格	TB	○	○			△	○		

7.2.3　工艺文件

工艺文件是具体指导和规定生产过程的技术文件。它是企业实施产品生产、产品经济核算、质量控制和生产者加工的技术依据。

（1）工艺简介

人类在实践中积累的经验总结，将这些经验总结以图形设计表达出来，用于指导实践，就形成工艺文件。

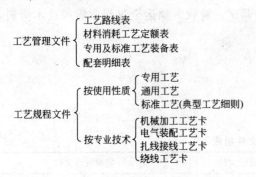

图 7.4　工艺管理文件和工艺规程文件的分类

工艺管理是企业在一定生产方式和条件下，按一定原则和方法，对生产过程进行计划、组织和控制。工艺工作内容包括产品的试制阶段和产品定型阶段。

① 产品试制阶段　包括设计方案讨论、审查产品工艺性、拟定工艺方案和工艺路线、编制工艺文件和工艺初审、处理生产技术问题、工装设计和试验制造、关键工艺试验、工艺最终评审、修改工艺文件。

② 产品定型阶段　包含设计文件的工艺性审定、编制工艺规程、编制定型工艺文件、工艺文件编号归档。

（2）工艺文件分类

工艺文件分为工艺管理文件和工艺规程文件两大类，如图 7.4 所示。

（3）工艺文件内容

一般电子工艺文件包括的内容如表 7.2 所示。

表 7.2　工艺文件完整性表

序号	工艺文件	模样阶段	初样阶段	式样阶段	定性阶段
1	工艺总方案		△	△	△
2	工艺路线表	+	○	△	△
3	工艺装备明细表		○	△	△
4	非标准仪器、仪表、设备明细表		○	△	△
5	材料消耗工艺定额明细表	+	○	○	△
6	辅助材料定额表		+	+	△
7	外协件明细表		+	+	+
8	关键、重要零、部件明细表		○	△	△
9	关键工序明细表	○	○	△	△
10	生产说明书		+	△	△
11	各类工艺过程卡片	+	○	△	△
12	各类工艺卡片		○	△	△
13	各类工序卡片		○	△	△
14	各类典型工艺（工序）卡片		+	+	+
15	毛坯下料卡片		+	+	+
16	检验卡片		○	△	△
17	产品工艺性分析报告	△	△	△	△
18	专题技术总报告		△	△	△
19	工艺评审结论		△	△	△
20	工艺定型总结报告				△
21	专用工艺装备设计文件	+	△	△	△
22	非标准设备设计文件		△	△	△
23	工艺文件目录		+	△	△

7.3 电子工程图简介

7.3.1 图形符号

电气图形符号和有关字符是绘制电子技术图的基础。熟悉常用图形符号及标注，了解有关图形符号的规定及习惯用法，对于正确识别和绘制电子技术图是非常必要的。

（1）常用符号

电气图形标准符号由 GB 4728 标准规定，标准图形符号可用电子或电工模板绘制。另外采用符合 GB 4728 标准构造的元件库也可直接得到标准图形。

（2）有关符号的规定

ⅰ．符号所处位置及线条粗细不影响含义。

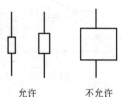

允许　　　不允许

图 7.5　图形符号比例

ⅱ．符号大小不影响含义，可以任意画成一种和全图尺寸相配的图形，但在放大或缩小时图形本身各部分应按比例放大或缩小，如图 7.5 所示。

ⅲ．在元器件符号段加上"○"不影响符号原义，如图 7.6(a) 所示。但在逻辑元件中，"○"另有含义。

ⅳ．符号的连线画成直线或斜线，不影响符号本身含义，但符号本身的直斜线不能混淆，如图 7.6(b) 所示。

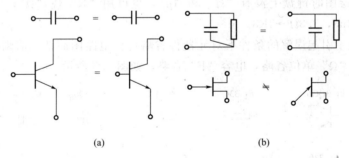

(a)　　　　　　　　　(b)

图 7.6　符号规定示例

（3）元器件代号

在电路图中或在元器件符号旁，一般都标上文字符号，作为该元器件代号，这种代号只是附加的说明，不是元器件图形符号的组成部分。

在用 CAD 绘制电路图时，每个元器件都要求输入一个唯一的字符作为该元器件的标号（component reference designator），该标号可以更改，但同一张图中不得重复，在相关 PCB 图中和元器件表中也都代表该元器件。

习惯上往往用元器件名称的汉语拼音或英语名称字头作元器件代号，例如 CT（插头），CZ（插座）、D（二极管）等。在国家标准中规定了统一的文字符号。

同样，在国外电路图中不同国家元器件代号也不同，例如三极管有 T、Tr、Q 等代号，运算放大器有 A、OP、U 等。好在这些文字符号只是附属记号，一般不会产生误解。在我们设计的电路中还应该按国标标注。

（4）下脚标码

ⅰ．在同一电路图中，元器件序号，如 R1、R2、…、V1、V2、…。

ⅱ. 电路由若干单元电路组成，一般前缀以单位标号：

1R1、1R2、…1V1、…

2R1、2R2、…2V1、…

ⅲ. 一个元器件有几个功能独立单元时，标码后再加附码，如图 7.7 所示，为一个三级三位开关的下脚标码。

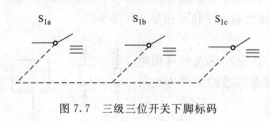

图 7.7　三级三位开关下脚标码

（5）元器件参数标注

在电子技术图中，工程用图一般在电路图中只标代号，而元器件型号和规格参数是在元器件明细表中予以详细说明。在说明性图中一般需要将元器件型号规格等标出。标注的原则如下：

① 尽量简短　电路图中符号已经表达了主要信息，文字只是附加必要的信息，例如集成电路、半导体分立器件型号，阻容元件阻值和容量等。

阻容元件标注时一般将过长的数字去掉，例如 1000pF 标为 1n，1000Ω 标为 1kΩ 或 1k，以求简短。有时在电解电容中注明电压，一般用"/"分开，例如 $100\mu F/16V$ 或 $16V/100\mu F$ 均可。

② 取消小数点　小数点在图中容易忽略或误读，电路中用字母单位取代小数点既简短又不容易读错。例如 4.7μ 标为 $4\mu7$；0.1μ 标为 $\mu1$；$4.7k$ 标为 $4k7$；0.1Ω 标为 $\Omega1$。

由于计算机绘图时键盘上没有"Ω"和"μ"，也可用"R"代"Ω"；"u"（小写）代"μ"。例 $3.3\mu \rightarrow 3u3$，$3.3\Omega \rightarrow 3R3$。

③ 省略　在不引起误解的条件下对元器件省略可使电路图简洁、清晰。例如一般电路图中默认将电阻"Ω"单位省略，电容"F"省略，如图 7.8 所示。

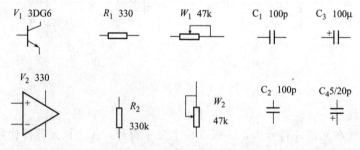

图 7.8　元器件标注举例

当然这种默认也可通过少量文字规定，例如某电路图有 50 只电容，其中 45 只单位为 μ，5 只为 P，则我们可将"μ"省略，而在图中加附注"所有未标电容单位为 μ"。

7.3.2　原理图

用图形符号和辅助文字表达设计思想，描述电路原理及工作过程的一类图统称为原理图。它是电子技术图的核心部分。

7.3.2.1　系统图

系统图习惯称为方框图或框图，是一种使用非常广泛的说明性图形，它用简单的"方框"代表一组元器件，一个部件或一个功能块。用它们之间的连线表达信号通过电路的途径，或电路的动作顺序，具有简单明确，一目了然的特点。图 8.1 是超外差收音机的框图，它使人们一眼就可看出电路的全貌，主要组成部分，各级的功能等。

有了方框图，对了解电原理图非常有用。因此一般比较复杂的电路图都附有方框图说明。绘制方框图，一定要在方框内注明该方框所代表电路的内容或功能，方框之间的连线一般应用箭头表示信号流向。方框图也和其他图组合以表达一些特定内容。

7.3.2.2 电路图

电路图也称电原理图、电子线路图，是表示电路工作原理的。它使用各种图形符号，按照一定的规则，表达元器件之间的连接及电路各部分的功能。它不表达电路中各元器件的形状或尺寸，也不反映这些元器件的安装、固定情况，因而一些辅助元件如紧固件、接插件、焊片、支架等组成实际仪器不可少的东西在电路中都不必画出。

（1）电路图中的连线

① 实线 在电路中元器件之间的电气连接，是通过图形符号之间的实线表达的。为使条理清楚，表达无误，应注意以下特点。

ⅰ. 连线尽可能画成水平或垂直线，斜线不代表新的含义。在说明性电路图中有时为了表达某种工艺思路特意画成斜线表示电路接地点位置和强调一点接地，如图7.9所示。

ⅱ. 相互平行线条之间距不小于1.6mm，较长线应按功能分组画，组间应留2倍线间距离 ［见图7.10(a)］。

ⅲ. 一般不要从一点上引出多于三根的连线 ［见图7.10(b)］。

图7.9 斜线表达工艺安装信息

(a) 两组连线间距 (b) 一点上多于三根线的连接

图7.10 实线的间距和连接

ⅳ. 线条粗细如果没有说明，不代表电路连接的变化。

ⅴ. 连线可以任意延长和缩短。

② 虚线 在电路图中虚线一般是作为一种辅助线，没有实际电气连接的意义。虚线有以下几种辅助表达作用。

ⅰ. 表示元件中的机械联动作用（见图7.11）。

ⅱ. 表示封装在一起的元器件。

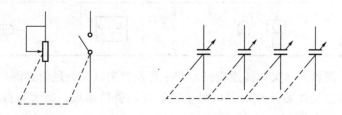

图7.11 虚线表示机械联动

ⅲ. 用虚线表示屏蔽（见图7.12）。

ⅳ. 其他作用，例如表示一个复杂电路被分隔为几个单元电路，印制电路板分板，常用点划线表示，也可用虚线，而且一般都需附加说明。

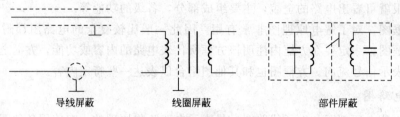

导线屏蔽   线圈屏蔽   部件屏蔽

图 7.12 用虚线表示屏蔽

（2）电路图的绘制

绘制电路原理图时，要注意做到布置均匀，条理清楚。

ⅰ．正常情况下电信号从左到右，从上而下的顺序，即输入端在左上，输出端在右下。

ⅱ．各图形符号的位置体现电路工作时各元件的作用顺序。

ⅲ．复杂电路分单元绘制时，各单元电路应标明信号的来龙去脉，并遵循从左至右，从上而下的顺序。

ⅳ．元件串联最好画到一条直线上，并联时各元件符号中心对齐。

ⅴ．根据电路图需要，也可以在图中附加一部分调试或安装信息，例如测试点电压值、波形图、某些元器件外形图等。

7.3.2.3 逻辑图

在数字电路中，用逻辑符号（见表 7.3）表示各种有逻辑功能的单元格。在表达逻辑关系时，采用逻辑符号（不管内部电路）连接成逻辑图。

表 7.3 常见逻辑符号

名称	标准	其他	名称	标准	其他
与门			与非门		
或门			或非门		
非门			与或非门		
异或门			延迟器		

逻辑图有理论逻辑图（又叫纯逻辑图）和工程逻辑图（又名逻辑详图）之分。前者只考虑逻辑功能，不考虑具体器件和电平，用于教学等说明性领域；后者则涉及电路器件和电平，属于工程用图。

由于集成电路的飞速发展，特别是大规模集成电路的应用，绘制详细的电原理图不仅非常繁琐，而且没有必要。逻辑图实际取代了数字电路中的原理图。通常，也将数字逻辑占主要部分的数字模拟混合电路称为逻辑图或电原理图。图 7.13 和图 7.14 是理论逻辑图和工程逻辑图的两个实例。

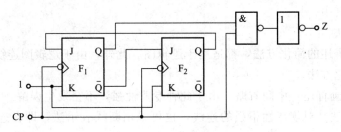

图 7.13 理论逻辑图

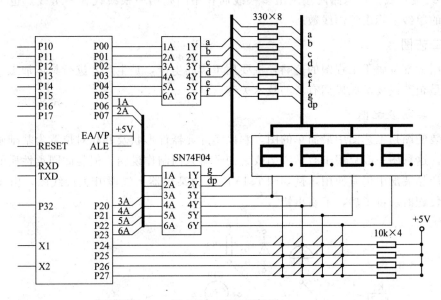

图 7.14 工程逻辑图

（1）常用逻辑符号

表 7.4 列出了部分常见的逻辑符号，其中标准符号是国家标准，但其他符号不仅在大量译著中见到，很多人也习惯使用。

在逻辑符号中必须注意在逻辑元件中符号"○"的作用。"○"加在输出端，表示"非"、"反相"的意思；而加在输入端，则表示该输入信号的状态。具体地说，根据逻辑元件不同，在输入端加"○"表示低电平，或负脉冲。

（2）逻辑图绘制

绘制逻辑图同电原理图一样，层次要清楚，分布均匀，容易读图。尤其对中大规模集成电路组成的逻辑图，图形符号简单而连线很多，布置不当容易造成读图困难和误解。

（3）基本规则

① 符号统一　同一图中不能有一种电路两种符号，尽量采用国标符号，但大规模电路的管脚名称一般保留外文字母标法（见图 7.14）。

② 出入顺序　信号流向要从左向右，自下而上，如有不符合本规定者，应以箭头表示。

③ 连线成组排列　逻辑电路中很多连线，规律性很强，应将相同功能关联的线排在一组并且与其他线有适当距离。

④ 管脚标注　对中大规模集成电路来说，标出管脚名称同标出管脚标号同样重要。但有时为了图中不至于太拥挤，可只标其一而用另图详细表示该芯片的管脚排列及功能。多只

相同电路可只标其中一只。

（4）简化方法

电原理图中讲述的简化方法，都适用于逻辑图。此外，由于逻辑图连线多而有规律，可采用一些特殊简化方法。

① 同组线只画首尾，中间省略　由于此种专业性强，不会发生误解。

② 断线表示法　对规律性很强的连线，也可采用断线表示法，即在连线两端写上名称而中间线段省略。

③ 多线变单线　在电路两端画出多根线而在中间则用一根线代替一组线。也可以在表示一组线的单线上标出组内线数。

7.3.3　工艺图

工艺图大部分属于工程图的范畴，主要用于产品生产，是生产者进行具体加工、制作的依据，也是企业或技术成果拥有者的技术关键。

7.3.3.1　实物装配图

实物装配图是工艺图中最简单的图，它以实际元器件形状及其相对位置为基础画出产品装配关系。这种图一般只用于教学说明或为初学者入门制作说明。但与此同类性质的局部实物图则在产品装配中仍有使用，例如图 7.15 所示为某仪器上波段开关接线图，由于采用实物画法，装配时一目了然，不易出错。

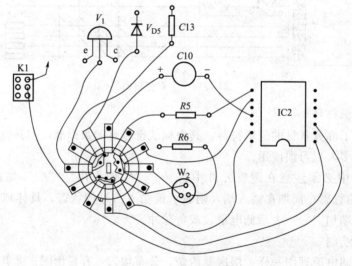

图 7.15　实物装配图

7.3.3.2　印制板装配图

印制板装配图是供焊接安装工人加工制作印制板的工艺图。这种图有两类，一类是将印制板上导线图形按版图画出，然后在安装位置加上元器件，如图 8.9 所示。绘制这种安装图时要注意：

ⅰ．元器件可以用标准符号，也可以用实物示意图，也可混合使用；

ⅱ．有极性的元器件，如电解电容极性、晶体管极性一定要标记清楚；

ⅲ．同类元件可以直接标参数、型号，也可标代号，另附表列出代号内容；

ⅳ．特别需要说明的工艺要求，例如焊点大小、焊料种类、焊后保护处理等要求应加以注明。

另一类印制板装配图不画出印制导线的图形，只是将元件作为正面，画出元器件外形及位置，指导装配焊接。这类电路图大多是以集成电路为主，电路元器件排列比较有规律，印制板上的安装孔也比较有规律，而且印制板上有丝印的元器件标记，对照安装图不会发生误解。绘制这类安装图要注意以下几点：

　　ⅰ. 元器件全部用实物表示，但不必画出细节，只绘制外形轮廓即可；

　　ⅱ. 有极性或方向定位的元件要按实际排列时所处位置标出极性和安装位置；

　　ⅲ. 集成电路要画出管脚顺序标志，且大小和实物成比例；

　　ⅳ. 一般在每个元件上标出代号。

7.3.3.3 面板图

面板图是施工图中要求较高、难度较大的图。既要实现操作要求，又要讲究美观悦目。这里讨论的是如何绘制出合乎加工要求的面板图。面板图由两部分组成。

（1）面板机械加工图

它表达面板上安装的仪表、零部件、控制件等的安装尺寸、装配关系以及面板同机壳的连接关系。这种图要以机械制图要求进行绘图。面板加工图应说明的内容如下。

　　ⅰ. 面板外形尺寸。

　　ⅱ. 安装孔尺寸，机械加工要求。

　　ⅲ. 材料、规格。

　　ⅳ. 文字及符号位置、字体、字高、涂色。

　　ⅴ. 表面处理工艺及要求、颜色。

　　ⅵ. 其他需要说明内容，例如附配件等。

（2）面板上操作信息

面板上用图形、文字、符号表达各种操作、控制信息。它要求准确、简练，既要符合操作习惯，又要外形美观。简单的面板图，面板操作信息可以和机械加工图画在一起，较复杂的面板图需要分别绘制。面板文字图形的表达要注意以下几点。

　　ⅰ. 文字符号（汉字、拼音、数字等）的大小应根据面板大小及字数多少来确定。同一面板上同类文字大小应当一致，文字规格不宜过多，字高应符合标准。

　　ⅱ. 非出口仪器面板上文字表达应符合国家标准要求并考虑国内用户习惯，说明文字应尽量简单明确。

　　ⅲ. 控制操作件的说明文字位置要符合操作习惯。

7.3.3.4 元器件明细表及整件汇总表

对非生产图纸，我们可以将元器件型号、规格等标在电原理图中并加适当说明。而对生产图纸来说，就需要另附供采购及计划人员用的元器件明细表。必须注意的是因为使用这个表的人对设计者思路并不了解，他们只是照单采购，所以明细表应尽量详细。详细的明细表应包括：元件名称及型号；规格、档次；数量；有无代用型号、规格；备注：例如是否指定生产厂家，是否有样品等，表 7.4 是一个例子。

一般来说，元器件明细表还不能包括整个仪器的全部材料，除明细表外还应给出整机汇总表。它包括：机壳、底板、面板；机械加工件、外购部件；标准件；导线、绝缘材料等；备件及工具等；技术文件；包装材料，包括内外包装、填料等。

表 7.4　元器件明细表（示例）

序号	名称	型号规格	位号	数量	备注
1	电阻	RJI-0.25-5K6±5%	R1,R5,R9	3	
2	电容	CL21-160V-47n	C5,C6	2	
3	三极管	3DG12B	V3,V4,V5	3	可用 9013 代替
4	集成电路	MAX4012	A1	1	MAXIM 公司

7.4　电子技术文件计算机处理系统简介

电子技术文件计算机处理主要有以下两方面的内容：计算机绘图和工程图设计，处理与管理系统。前者适用于各种需要电子技术图的应用，包括教学、培训及电子科技活动，而后者主要用于大中型企业对工程图纸、文字、图表资料进行综合处理。

7.4.1　计算机绘图

计算机绘制电子技术图即通常说的电子 CAD 或电子图板，主要由硬件平台和相应软件两部分组成。随着计算机技术的飞速发展，各种 CAD 软件层出不穷，性能越来越高，功能越来越强，但系统基本构架是一致的，如图 7.16 所示。

在绘图软件中核心部分是图形编辑模块。软件功能越强，其自动化、智能化程度就越高，绘图效率也越高。这里所说的自动化、智能化主要指的是由电原理图到印制版图时自动布局与布线。目前应用较普遍的软件在布局时一般手工干预还是免不了的，而布线的自动化已日趋完善。利用计算机资源，提高电子技术工作效率和质量，仍然是目前工程技术人员的努力方向。

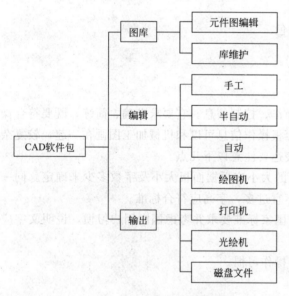

图 7.16　计算机绘图系统示意图

7.4.2　工程图处理与管理系统

工程图处理与管理系统也称无纸技术档案库。实际它包含的内容不是一个简单的档案库，而是一个集图纸录入、净化、修改、输出、矢量化等图形处理、设计与管理为一体的综合系统，其结构如图 7.17 所示。在这个系统中，单纯的绘图只是作为系统中一个图形单元。用任何软件绘制的任何一种电子技术图都可以作为一个文件归入系统，不仅如此，手工绘制的图纸或旧的工程图亦可通过扫描方式输入，通过图纸净化、交互分层、矢量化处理及光栅、矢量交互设计、修改，统一为系统档案。

现代高容量硬盘及光盘存储使系统容量趋于无限，数据库及网络技术使各种图纸的检索和查阅十分便利；技术文件的分类及查阅者的权限设置以及修改、备份等对计算机更是轻而易举。可以预见这种图纸处理和管理系统不仅成为大中型企业科学管理的基础，也将有更多微型系统进入小型企业或教学、科研部门，甚至电子技术人员的工作室。

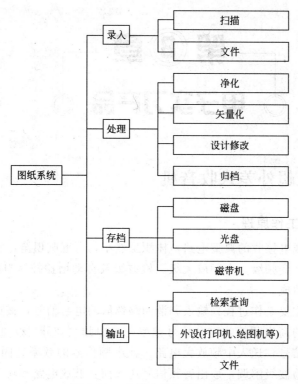

图 7.17　工程图自动综合系统示意图

第 8 章
电子实习产品

8.1 HX108-2 型超外差式收音机

8.1.1 调幅收音机的工作原理

超外差收音机是无线电接收的典型电路。体积虽然小，可五脏俱全，它包含了多种功能电路，由输入调谐电路、变频级、中频放大级、检波级及自动增益控制电路（AGC）、低频放大级、功率放大级等组成。

超外差式收音机的主要工作过程：输入调谐回路选取的电台信号，被送入变频级与变频级中本机振荡电路产生的高出预接收电台信号频率一个中频（465kHz）的等幅振荡信号混合。选取其差频频率的信号，送入中频放大电路。此中频信号的频率是固定的 465kHz。被放大后的中频信号再用检波级解调，取出音频信号送入前置低放电路和功率放大电路，最后经喇叭还原成声音，工作框图如图 8.1；原理图见 8.2 所示。

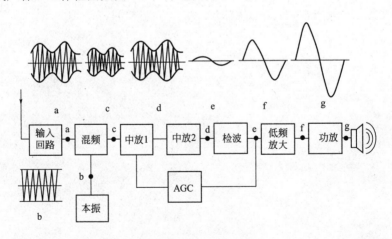

图 8.1 工作框图

超外差式收音机是经变频后对固定的中频频率来进行放大，因此具有灵敏度高、选择性好、工作稳定、失真度小等优点而被广泛采用。

8.1.1.1 输入调谐电路

接收天线到变频管输入端之间的电路称为输入电路。输入电路又叫调谐回路或选择电路，它是收音机的第一道大门，它的主要作用是把所要收听的电台信号选择出来，而把不需要的电台或干扰信号抑制掉。

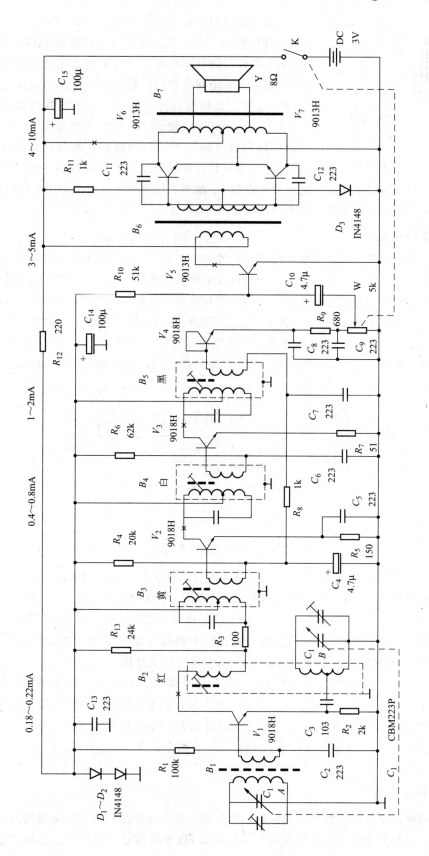

图 8.2 收音机原理图

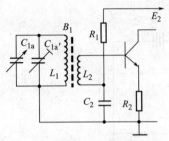

图 8.3 输入电路原理图

输入调谐回路是由磁性天线 B_1（L_1 和 L_2 都绕在磁棒上）、调谐电容 C_{1a}、$C_{1a'}$ 组成的串联谐振电路，如图 8.3 所示。磁棒的磁导率很高，当它平行于电磁场的传播方向时，就能大量地聚集空间的磁力线，使绕在磁棒上的调谐线圈 L_1 感应出较高的外来信号。调节双联电容的容量从最大到最小，可以使调谐回路的谐振频率在最低的 535kHz 到最高的 1605kHz 范围内连续变化。调谐回路的作用就是调节其自身的频率，使它同许多外来信号中的某一电台频率一致，即产生谐振，从而大大提高 L_1 两端的这个外来信号的电压，同时降低 L_1 两端非谐振信号电压，以达到选择电台的目的。

8.1.1.2 变频级电路

变频级担负着把接收到的广播电台高频载波信号变为 465kHz 的中频载波信号的重要任务。其工作正常与否和指标优劣将直接影响后级电路和整机的性能。因此它是收音机的关键部分。如图 8.4 所示，它主要由本振、混频两部分组成。本机振荡电路由振荡变压器（简称中振）B_2、可变电容器 C_{1b}、$C_{1b'}$ 构成变压器反馈式振荡器，振荡频率主要决定于 L_4、C_{1b}、$C_{1b'}$。本机振荡信号通过 C_2、C_3 接在 V_1 基极-发射极之间，自激振荡信号由反馈线圈 L_3 耦合给振荡回路，再由 C_2、C_3 回送到 V_1 的基极-发射极之间，循环放大，形成振荡。

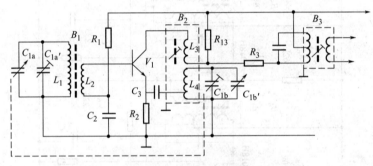

图 8.4 变频电路原理图

混频时，电台信号经 C_{1a}、$C_{1a'}$、L_1 谐振选频后，通过 L_1、L_2 的耦合送入 V_1 基极，同时，本振信号通过 C_3 注入 V_1 发射极，两个信号在 V_1 中混频后再放大，经圈数很少的 L_3（可视为对中频短路）送到选频负载 B_3，输出信号由中频变压器 B_3 的选频回路进行选频，得到差频信号，再通过中频变压器 B_3 耦合输送给中频放大级。在第一中频变压器 B_3 的副边上就可得到一个载波为 465kHz 的信号，从而实现变频全过程。

由于 C_{1a}、C_{1b} 是同轴双联可变电容器，输入信号调谐频率改变，本机振荡频率也随之改变，从而保证本振频率始终高于输入信号一个中频，满足收音机对中频的要求。

电路中的 $C_{1a'}$、$C_{1b'}$ 为补偿电容，是为了保证振荡频率的跟踪（又叫统调）而设置的。C_2 为高频旁路电容，对高频信号相当于短路。C_3 为耦合电容。R_1、R_2 为 V_1 提供了静态偏置电流，使它稳定的工作在非线性区。

8.1.1.3 中放电路

在收音机里的中频放大器简称为中放，中频放大级是指变频输出至振幅检波器之间的那一部分电路，其作用是用来放大经变频得到的 465kHz 中频信号，它是收音机的"心脏"部位。中放电路性能的好坏与否，在很大程度上决定着收音机的整机灵敏度、选择性和频率特性等主要性能指标。

中频放大级电路由中频变压器（也称中周或中频滤波器）和中频放大器两部分组成，如图 8.5 所示。中频放大器一般分为 1～3 级，每级增益为 25～35dB。而在 HX108-2 型超外差式收音机当中，采用的是由两级中频放大和三级选频滤波网络组成的中放电路。

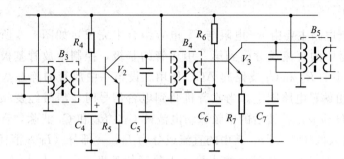

图 8.5 中频放大级电路原理图

一般情况下，两级中放的功能并不完全相同，第一级中放除了要完成一定的放大任务外，还必须保证选择性的要求，第二级中放的任务主要是进行再次放大，所以总要使其增益最高。

对中频放大级的基本要求有：要有足够的增益、要有良好的选择性、要有一定的通频带、工作要稳定可靠。

外界干扰源及调幅收音机调试不当所造成的干扰主要发生在中频放大级、变频级和输入调谐电路中。这些干扰同样需要通过选择性来加以抑制。主要的干扰有：邻近电台的干扰、中频干扰、镜像干扰。

8.1.1.4　检波级及自动增益控制（AGC）电路

（1）检波器

在这时，如果在中频放大后直接接上扬声器，扬声器还无法正常播放广播，只能听到嗒嗒的杂音。只有把音频信号从调幅波中分离出来，再将音频信号通过低频放大和功率放大电路后加到扬声器上才行。完成这种分离作用的电路就是检波电路，也称为解调器，可以用二极管或三极管来实现。

在 HX108-2 型收音机中（如图 8.6 所示），电路中检波管使用的是三极管（集电极与基极短接）相当于二极管检波电路。中频调幅信号经检波管 V_4 检波，输出的是半个中频调幅

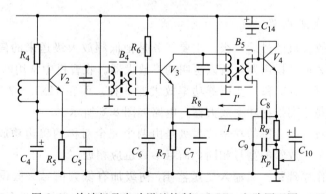

图 8.6　检波级及自动增益控制（AGC）电路原理图

信号，它包括直流分量、音频分量和残余中频分量。经 C_8、R_9、C_9 组成的 π 型滤波器滤除残余中频成分后得到一个中频调幅波的音频信号。电位器 W 为检波器的负载兼音量控制。检波出来的低频信号由 W 和 C_{10} 耦合到前置低放进行放大。

（2）自动增益控制（AGC）电路

自动增益控制电路能自动调节收音机的增益，使收音机在接收强、弱不同的电台信号时音量不致变化过大。

自动增益控制电路主要由 R_8 电阻与 C_4 电容组合来完成，如图 8.6 所示。控制过程是把检波后低频信号中的直流成分引到第一中放管的基极，控制中放管基极电流，从而实现 AGC 控制。电路中的 R_8 和 C_4 支路起 AGC 作用。设第一中放管的静态基极电流为 I_b，无外来信号时，I_b 由偏置电路固定。当收音机收到电台信号时，信号经变频和中频放大，然后由检波二极管 D 检波。检波后的中频脉动电流被 C_8、R_9 和 C_9 滤除，音频信号经隔直流兼耦合电容 C_{10} 送入低频放大器。其中的直流成分为 I_d，一部分（$I_{d'}$）消耗在电位器 W 上，另一部分（$I_{b'}$）经 R_8 和 C_4 滤波后注入第一中放管的基极。由于 $I_{b'}$ 与 I_b 的流向相反，$I_{b'}$ 要抵消一部分 I_b，使第一级中放的增益下降。外来信号越强，检波后的 $I_{b'}$ 也越大，使第一中放增益越低。反之，中放增益下降就小，从而起到了 AGC 的作用。

电路中的 R_8、C_4 支路，不但能滤掉残余中频和音频，保证中放管正常工作，而且两者的乘积决定着控制速度的快慢。乘积越大，控制越慢；乘积越小，控制越快。

8.1.1.5 低频放大级电路

检波器与功率放大器之间的电路称为低频放大器，主要作用是放大低频信号，激励功率放大器，使功率放大器有足够的输出功率，去推动扬声器（负载）工作。

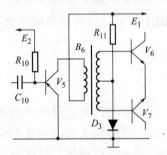

图 8.7 低频放大级电路图

在有些收音机电路中，低频放大级是由前置低放级和推动级组成的。前置低放级是用来对检波后的低频信号进行初步放大的。推动级用来对前置级输出的低频信号做进一步的电压放大，以满足功放级对输入信号幅度的要求，它又称为激励级。

如图 8.7 所示，由 C_{10} 耦合来的低频信号，经三极管 V_5 放大后，送到输入变压器 B_6（V_5 的负载）的初级。通过输入变压器 B_6 可改善阻抗匹配程度，从而提高三极管 V_5 的输出信号，激励功率放大器输出足够的功率。

8.1.1.6 功率放大级电路

功率放大级是收音机的最后一级，主要任务是把低频放大级送来的信号进行功率放大，以足够的功率输出去推动扬声器，所以也叫功率放大器。收音机中常用的功率放大器有甲类（A类）、推挽乙类（B类）和无变压器功率放大器 3 种。而在 HX108-2 型收音机中所采用的功率放大电路就是乙类推挽功率放大器，电路如图 8.8 所示。

从电路结构上看，收音机的功率放大级是由两个完全对称的单边功放电路并接而成的，因此，不但要求两个功放管的型号相同，而且参数也应相近。

推挽功放的工作原理是：当输入变压器 B_6 初级加有低频信号（假设为正弦交流信号）时，在正半周，初级线圈上端正、下端负，次级两半线圈将感应出两个大小相等的低频信

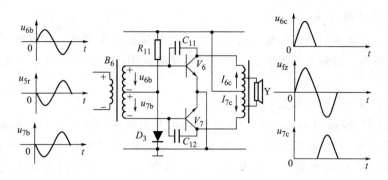

图 8.8 功率放大器电路图

号。此时功放管 V_6 的基极为正，发射极为负，加有正偏压而导通，功放管 V_7 的基极为负，发射极为正，加有反偏压，因而不能导通。V_6 管上的电流 I_{6c} 流过输出变压器 B_7 初级上半线圈，输出变压器次级线圈便感应出正半周信号电流，流过扬声器。

当输入变压器 B_6 的初级线圈加有负半周信号时，初、次级信号极性将与前述正半周时相反，功放管 V_7 加有正偏压而导通，功放管 V_6 则加反偏压而截止。V_7 管的集电极电流 I_{7c} 流过输出变压器 B_7 的下半个线圈，其方向与 I_{6c} 相反。所以，输出变压器 B_7 次级有与前述方向相反的负半周电流流过扬声器。在输入信号的一个全周期内，将有一个完整的输出信号加到扬声器上。由于功放管 V_6、V_7 的放大作用，加到扬声器上的信号将比输入信号大得多。

由于此电路的两管轮流工作，犹如"一推一挽"，所以通常称之为推挽放大器；又因为它的工作点靠近截止区，所以又称为乙类推挽放大器。

8.1.1.7 电源控制电路

由 C_{13}、C_{14}、C_{15} 和 R_{12} 组成的电源退耦电路的作用是消除由电源电压引起的寄生振荡，并分别由 C_{14} 与 C_{15} 滤除低频成分，C_{13} 滤除高频成分。C_{13}、C_{14}、C_{15} 还有消除各级电路之间相互干扰的作用。

D_1 和 D_2 构成一个稳压电路为小信号电路提供电源，可获得一个 1.4V 左右的电压。

R_p 是收音机的开关，可起到调节收音机声音大小的作用。

8.1.2 调幅收音机的装配工艺

电子工艺实习是理工院校学生必要的实践环节，电子工艺实习主要指的是电子产品的焊接与装配，它是一项重要训练内容。因为收音机的电路结构、产品大小、元器件种类及数量非常适合用来做工艺训练，所以被选为电工电子训练的产品。通过对一台收音机的安装、焊接及调试，了解电子产品的装配过程，训练动手能力，掌握元器件的识别及简易测试，整机调试工艺。还须培养学生们严谨的学习作风。在电子产品的焊接装配训练过程中要求掌握的有：

ⅰ. 对照原理图讲述整机工作原理。

ⅱ. 对照原理图看得懂装配接线图。

ⅲ. 了解图上电气符号，并能与实物对照。

ⅳ. 根据技术指标测试各元器件的主要参数。

ⅴ. 认真细致地安装焊接，排除安装焊接过程中出现的故障。

8.1.2.1 装配前的准备

必要的准备是优质焊装的前提。首先，要经过焊接的基本训练，掌握电子焊接的基础，包括元器件的整形、镀锡及拆焊等。其次要能看懂装配图，会使用万用表并具备元器件的检测与识别的能力。

（1）元器件清点及初步检测

将所有元器件按照材料单逐个清点后，利用万用表进行测试，其目的有两个：一是确保焊装在线路板上的元器件都是完好的；二是加强使用万用表检测元器件的训练，所有元器件都要认真检查测试。在检测之前，要按电子元器件的标注方法正确读出含义，包括标称值、精度、材料和类型等，并通过目测的方法检查结构件的好坏，详见表8.1、表8.2所示。

表8.1　收音机元器件材料清单

电子元器件清单

位号	名称规格	位号	名称规格	位号	名称规格
R_1	电阻 100kΩ	R_2	电阻 2kΩ	R_3	电阻 100Ω
R_4	电阻 20kΩ	R_5	电阻 150Ω	R_6	电阻 62kΩ
R_7	电阻 100Ω	R_8	电阻 1kΩ	R_9	电阻 680Ω
R_{10}	电阻 51kΩ	R_{11}	电阻 1kΩ	R_{12}	电阻 220Ω
R_{13}	电阻 24kΩ	C_1	双联电容 CBM223	C_2	瓷介电容 0.022μF
C_3	瓷介电容 0.022μF	C_4	电解电容 4.7μF	C_5	瓷介电容 0.022μF
C_6	瓷介电容 0.022μF	C_7	瓷介电容 0.022μF	C_8	瓷介电容 0.022μF
C_9	瓷介电容 0.022μF	C_{10}	电解电容 4.7μF	C_{11}	瓷介电容 0.022μF
C_{12}	瓷介电容 0.022μF	C_{13}	瓷介电容 0.022μF	C_{14}	电解电容 100μF
C_{15}	电解电容 100μF	T_1	天线线圈 B5×13×55	T_2	振荡线圈（红）
T_3	中频变压器（黄）	T_4	中频变压器（白）	T_5	中频变压器（黑）
T_6	输入变压器（蓝、绿）	T_7	输出变压器（黄、红）	D_1	二极管 IN4148
D_2	二极管 IN4148	D_3	二极管 IN4148	V_1	三极管 9018G
V_2	三极管 9018H	V_3	三极管 9018H	V_4	三极管 9018H
V_5	三极管 9018H	V_6	三极管 9013H	V_7	三极管 9013H
R_P	电位器 5kΩ	Y	扬声器 8Ω		

结 构 件 清 单

序号	名称规格	数量	序号	名称规格	数量	序号	名称规格	数量
1	前框	1	2	后盖	1	3	周率板	1
4	调谐盘	1	5	电位器盘	1	6	磁棒架	1
7	电路板	1	8	电源正极片	2	9	电源负极弹簧	2
10	拎带	1	11	调谐盘螺钉 2.5×4	1	12	双联螺钉 2.5×5	2
13	机芯螺钉 2.5×5	1	14	电位器螺钉 1.7×5	1	15	正极导线（9cm）	1
16	负极导线（10cm）	1	17	扬声器导线（8cm）	2			

表 8.2　收音机元器件数据清单

类　别	测 量 内 容	万用表量程
电阻 R	电阻值	×10Ω、×100Ω、×1kΩ
电容 C	电容绝缘电阻	×10kΩ
二极管 D	正、反向电阻	▷⊦
三极管 hfe	晶体管放大倍数 9018H(97～146)、9013H(144～202)	hfe
中周	红　4Ω 0.3Ω 0.4Ω　　黄 0.3Ω　2Ω 4Ω 白　1.8Ω 3.8Ω 0.4Ω　　黑 1Ω 2Ω 4.5Ω　初次级为无穷大	×1Ω
输入变压器(蓝色)	90Ω 90Ω ‖ 220Ω	×1Ω
输出变压器(红色)	0.9Ω 0.9Ω ‖ 0.4Ω 1Ω 0.4Ω　自耦变压器无初次级	×1Ω

（2）烙铁的选用与处理

装配工作中，焊接技术很重要。收音机元件的安装主要利用锡焊，它不但能固定零件，而且能保证可靠的电流通路，焊接质量的好坏直接影响收音机质量，所以烙铁的选择很重要。

烙铁是焊接的主要工具之一，焊接收音机应选用 30W～35W 电烙铁。新烙铁使用前应用锉刀把烙铁头两边修改成所需要的形状。并将烙铁头部倒角磨光，以防焊接时毛刺将印刷电路板焊盘损坏。如采用长命烙铁头则无须加工，烙铁头上粘附一层光亮的锡，烙铁就可以正常使用了。

（3）检查印制电路板

焊接前还有一项工作就是检查印制电路板，主要看焊盘是否钻孔、有无脱离，印制导线有无毛刺短路、断裂现象，定位凹槽、安装孔及固定孔是否齐全。

（4）元器件的处理

将所有元器件端子的漆膜、氧化膜处理干净（如元器件端子未氧化可省去此项），然后进行整形处理。

8.1.2.2　焊接印制电路板

首先将元器件插在印制电路板上，要保证元器件安装位置无误，极性插装正确，并对元器件的端子进行镀锡处理。

元器件插装完后可进行焊接，元器件的焊接顺序根据具体情况而定，有些电器焊接装配时，先插装短而小的元器件，后插装大而高的元器件，有些电器则相反。若收音机的结构比较紧凑，插件时可先插装短而小的元器件，以免大而高的元件焊装完，短而小的元器件安装比较困难。为使焊装的元器件不至于过高而影响后期的整机装配，可先焊装一至两个较高的元器件，作为其他元器件的参考高度。

收音机元件的插件焊接应按照以下的顺序进行。

ⅰ．电阻、二极管。

ⅱ．元片电容。

ⅲ．晶体三极管。

ⅳ．中周、输入输出变压器。

ⅴ．电位器、电解电容。

ⅵ．双联、天线线圈。

ⅶ．电池夹引线、喇叭引线。

注意：所有元器件高度不得高于中周的高度。

焊接前要对装配图（图见8.9）上的元器件再次进行检查，确保元器件位置、极性正确后，方可实施焊接。焊接时请不要将所有元器件全部插装完后再进行焊接，这样焊接面密集的元器件端子，不但影响对元器件插装正误的检查，还对焊点的正确焊接造成影响。正确的焊接方法是：插装一部分，检查一部分，焊接一部分。元器件安装质量直接影响整机质量与成功率，合理的安装需要思考及经验。

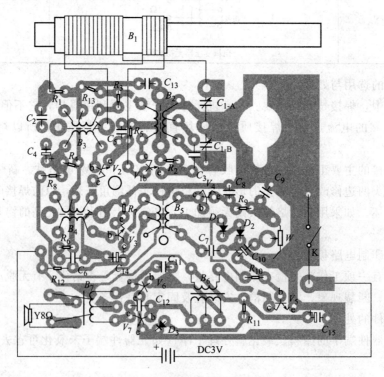

图8.9 印刷电路板装配图

8.1.2.3 检测

（1）通电前的检查

收音机装配焊接完成后，应对照装配图依次检查如下几项。

ⅰ．检查无极性元器件位置摆放有无错误。

ⅱ．检查有极性元器件极性焊接的是否正确。

ⅲ．检查各种引线连接是否正确与完好。

ⅳ．检查焊点有否脱焊、虚焊、漏焊。所焊元件有无短路或损坏。

如发现以上问题应及时修理，更正。

（2）电流测量

收音机在印制电路板上预留有电流测试断点，用万用表进行整机工作点的工作电流测量，如果检查都满足要求，即可进行收台试听，在收音机试听前应将这些断点连通。测试点的电流值见表 8.3。

表 8.3　正常时收音机各个测试点参数值

三极管	工作电流 $I_o=12\sim14mA$			工作电压 $E_c=3V$			
	V_1	V_2	V_3	V_4	V_5	V_6	V_7
E/V	0.55	0.08	0.06	0.15	0	0	0
B/V	1.10	0.80	0.80	0.70	0.65	0.60	0.60
C/V	1.35	1.40	1.40	0.70	2.50	3.00	3.00
I_c/mA	0.18~0.22	0.4~0.8	1~2	0	2~4	4~10	4~10

接入电源（注意＋、−极性）将频率盘拨到 530kHz 无台区，首先测量整机静态工作总电流 "I_o"，测量方法如下：首先把万用表打到电流挡 20mA 挡上；然后把收音机的开关关闭，并把万用表表笔接入开关两端进行测量。

（3）静态工作点电压测试

分别测量三极管 $V_1\sim V_7$ 的 E、B、C 三个极对地的电压值（也叫静态工作点电压），将测量结果填到实习报告的表格中，参考值见表 8.3，测量时应注意防止表笔将电路板相邻点短路。

注意：该项工作非常重要，在收音机开始正式调试前该项工作必须要做。

收音机在焊接时有些特殊问题，如果处理不当会给收音机组装带来很大的不便，所以应注意以下几点。

ⅰ．振荡线圈 B_2 插件外壳应弯脚焊牢，否则会造成卡调谐盘。

ⅱ．中周外壳均应用锡焊牢，特别是 B_3 黄中周外壳一定要焊牢。

ⅲ．将双联 CBM-223P 安装在印刷电路板上，将天线组合件上的支架放在印刷电路板与双联电容之间，然后用 2 只 M2.5×5 螺钉固定，并将双联端子超出电路板部分，弯脚后焊牢，并剪去多余部分。

ⅳ．天线线圈：

① 焊接于双联 CA-1 端。

② 焊接于双联中点地。

③ 焊接于 V_1 基极（b）。

④ 焊接于 R_1、C_2 公共点。

8.1.2.4　组装

组装是焊装产品的最后一道工序，印制电路板与外界的连线，结构件的安装与固定都是在组装中进行的。结构件的安装直接影响整机的质量与美观，需要合理的安装。

ⅰ．将电位器拨盘装在电位器上，用 M1.7×4 螺钉固定。

ⅱ. 将磁棒按图 8.10(a) 所示，套入天线线圈及磁棒支架。

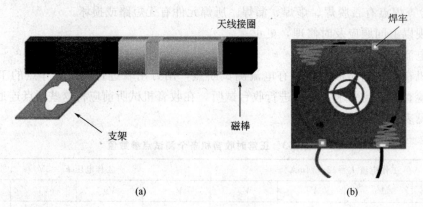

图 8.10 收音机装配图（一）

ⅲ. 将负极弹簧，正极片安装在塑壳上。焊好连接点及黑色、红色引线如图 8.10(b) 所示。

ⅳ. 将周率板反面双面胶保护纸去掉，然后贴于前框，注意要贴装到位，并撕去周率板正面保护膜。

ⅴ. 将扬声器安装于前框，用一字小螺丝刀靠带钩固定脚左侧，利用突出的喇叭定位圆弧的内侧为支点，将其导入带钩压脚固定，再用烙铁热铆三只固定脚。

ⅵ. 将拎带套在前框内。

ⅶ. 将调谐盘安装在双联轴上，如图 8.11(a) 所示，用 M2.5×4 螺钉固定，注意调谐盘指示方向。

ⅷ. 按图纸要求分别将两根白色或黄色导线焊接在喇叭与线路板上。

ⅸ. 按图纸要求将正极（红）负极（黑）电源分别焊在线路板的指定位置。

ⅹ. 将组装完毕的机芯照图 8.11(b) 所示，装入前框，一定要到位。

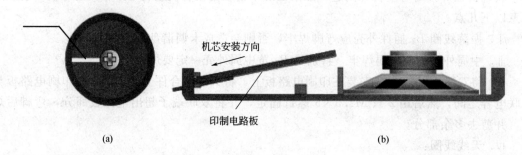

图 8.11 收音机装配图（二）

8.1.3 整机调试

8.1.3.1 调试用的仪器设备

① 稳压电源（3V/200mA，或 2 节 5 号电池）。

② XG-25A 高频信号发生器。

③ 示波器。

④ 毫伏表（或同类仪器）。

⑤ 圆环天线（调 AM 用）。

⑥ 无感应螺丝刀。

8.1.3.2 调试步骤

(1) 准备工作

在元器件装配焊接无误及机壳装配好后，将机器接通电源，应在 AM 能收到本地电台后，即可进行调试工作。

(2) 中频调试（仪器连接见框图如图 8.12 所示）

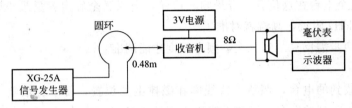

图 8.12 仪器连接框图

首先将双联旋至最低频率点，XG-25A 信号发生器置于 465kHz 频率处，输出场强为 10mV/M，调制频率 1000Hz，调制度 30%，收到信号后，示波器有 1000Hz 波形，用无感应螺丝刀依次调节黑→白→黄三个中周，且反复调节，使其输出最大，465kHz 中频即调好。

(3) 覆盖及统调调试

i. 将 XG-25A 置于 520kHz，输出场强为 5mV/M，调制频率 1000Hz，调制度 30%，双联调至到低端，用无感应螺丝刀调节红色的振荡线圈，收到信号后，再将双联旋到最高端，XG-25A 信号发生器置 1620kHz，调节双联振荡联微调 CA-2，收到信号后，再重复双联旋至低端，调红色的振荡线圈，高低端反复调整，直至低端频率为 520kHz，高端频率为 1620kHz 为止。

ii. 统调：将 XG-25A 置于 600kHz，输出场强为 5mV/M 左右，调节收音机调谐旋钮，收到 600kHz 信号后，调节中波磁棒线圈位置，使输出最大，然后将 XG-25A 旋至 1400kHz，调节收音机，直至收到 1400kHz 信号后，调双联微调电容 CA-1，使输出为最大，重复调节 600~1400kHz 统调点，直至两点均为最大为止。

(4) 完成

在中频，覆盖、统调结束后，机器即可收到高、中、低端电台，且频率与刻度基本相符。

8.1.3.3 没有仪器情况下的调整方法

(1) 调整中频频率

本套件所提供的中频变压器（中周），出厂时都已调整在 465kHz（一般调整范围在半圈左右），因此调整工作较简单。打开收音机，随便在高端找一个电台，先从 B_5 开始，然后 B_4、B_3 用无感螺丝刀（可用塑料、竹条或者不锈钢制成）向前顺序调节，调节到声音响量为止由于自动增益控制作用，人耳对音响变化不易分辨的缘故，收听本地电台当声音已调节器到很响时，往往不易调精确，这时可以改收较弱的外地电台或者转动磁性天线方向以减小输入信号，再调到声音最响为止。按上述方法从后向前的次序反复细调 2~3 遍至最佳即可完成。

(2) 调整频率范围（对刻度）

① 调低端　在 550～700kHz 范围内选一下电台。例如中央人民广播电台 640kHz，参考调谐盘指针在 640kHz 的位置，调整振荡线圈 B_2（红色）的磁芯，便收到这个电台，并调到声音较大。这样当双联全部旋进容量最大时的接收频率约在 525～530kHz 附近。低端刻度就对准了。

② 调高端　在 1400～1600kHz 范围内选一个已知频率的广播电台，例如 1500kHz，再将调谐盘指针指在周率板刻度 1500kHz 这个位置，调节振荡回路中双联顶部左上角的微调电容 CA-2，使这个电台在这位置声音最响。这样，当双联全旋出容量最小时，接收频率必定在 1620～1640kHz 附近，高端就对准了。

以上①、②两步需反复二到三次，频率刻度才能调准。

（3）统调

利用最低端收到的电台，调整天线线圈在磁棒上的位置，使声音最响，以达到低端统调。利用最高端收听到的电台，调节天线输入回路中的微调电容 C1-A，使声音最响，以达到高端统调。为了检查是否统调好，可以采用电感量测试棒（铜铁棒）来加以鉴别。

（4）测试方法

将收音机调到低端电台位置，用测试棒铜端靠近天线线圈（B_1），如声音增大，则说明天线线圈电感量偏大，应将线圈向磁棒外侧稍移，用测试棒磁铁端靠近天线线圈，如果声音增大，则说明线圈电感量偏小，应增加电感量，即将线圈往磁棒中心稍加移动。

用铜铁棒两端分别靠近天线线圈，如果收音机声音均变小，说明电感量正好，电路已获得统调。

8.1.4　故障检修指南

（1）检测前提

安装正确、元器件无差处、无缺焊、无错焊及搭接。

（2）检查要领

耐心细致、冷静有序的进行检查；一般由后级向前检测，先检查低功放级，再看中放和变频级。

（3）检测修理方法

① 整机静态总电流测量　本机静态总电流应≤25mA，无信号时，若大于 25mA，则该机出现短路或局部短路，无电流则电源没接上。

② 工作电压测量　总工作电压应为 3V；在正常情况下，D_1、D_2 两二极管电压在 1.3V±0.1V，此电压若大于 1.4V 或小于 1.2V 时，此机均不能正常工作。

若大于 1.4V 时应检查二极管 IN4148 极性是否接反或已坏。

若小于 1.2V 或无电压应检查电源 3V 有无接上或电阻 R_{12} 是否接好，最后还得检查中周（特别是白中周和黄中周）初级与其外壳是否短路。

③ 若变频级无工作电流应检查

ⅰ. 天线线圈次级是否接好。

ⅱ. V_1 9018 三极管已坏或未按要求接好。

ⅲ. 本振线圈（红）次级不通，电阻 R_3 是否虚焊或错焊，接了大阻值电阻。

ⅳ. 电阻 R_1 和 R_2 是否接错或虚焊。

④ 若一级中放无工作电流应检查

ⅰ．V_2 晶体管是否损坏，或 V_2 管管脚插错极性（e、b、c 脚）。

ⅱ．电阻 R_4 是否为未接好。

ⅲ．黄中周次级是否开路没有接好。

ⅳ．电解电容 C_4 是否存在短路现象。

ⅴ．电阻 R_5 是否存在开路或虚焊。

⑤ 一级中放工作电流大过（标准是 0.4～0.8mA）应检查

ⅰ．电阻 R_8 是否未接好或连接 1k 的铜箔有断裂现象。

ⅱ．电容 C_5 是否有短路或把电阻 R_5 的 150Ω 错接成为 51Ω。

ⅲ．是否电位器坏，测量不出阻值，或 R_9 未接好。

ⅳ．是否检波管 V_4 9018 损坏，或管脚插错。

⑥ 二级中放无工作电流应检查

ⅰ．黑中周初级是否存在开路。

ⅱ．黄中周次级是否存在开路。

ⅲ．晶体管是否损坏或管脚接错。

ⅳ．R_7 的 51Ω 电阻可能未接上。

ⅴ．R_6 的 62kΩ 电阻可能未接上。

⑦ 二级中放电流太大，大于 2mA 时，应检查电阻 R_6 是否接错，或阻值远小于 62kΩ。

⑧ 若低放级无工作电流应检查

ⅰ．输入变压器（蓝）初级是否存在开路现象。

ⅱ．三极管 V_5 是否损坏或接错管脚。

ⅲ．电阻 R_{10} 是否未接好或三极管脚错焊。

⑨ 若低放级电流太大（大于 6mA）时，应检查电阻 R_{10} 是否装错或电阻太小。

⑩ 功放级无电流（V_6、V_7 管）时，应检查

ⅰ．输入变压器次级通不通。

ⅱ．输出变压器通不通。

ⅲ．V_6、V_7 两个三极管是否损坏或接错管脚。

ⅳ．电阻 R_{11} 是否未接好。

⑪ 若功放级电流太大（大于 20mA）时，应检查

ⅰ．二极管 D_4 是否损坏、极性接反或管脚未焊好。

ⅱ．电阻 R_{11} 是否装错，用了较小电阻（远小于 1k 的电阻）。

⑫ 若整机无声时，应检查

ⅰ．电源有无加上。

ⅱ．D_1、D_2（IN4148）两端是否是 1.3V±0.1V 左右。

ⅲ．有无静态电流≤25mA。

ⅳ．各级电流工作是否正常，变频级是否在 0.2mA±0.02mA 左右；一级中放是否在 0.6mA±0.2mA 左右；二级中放是否在 1.5mA±0.5mA 左右；低放级是否 3mA±1mA 左右；功率放大级 7mA±3mA 左右。

ⅴ．用万用表×1 挡测查喇叭，应有 8Ω 左右的电阻，表笔接触喇叭引出接头时应有"喀喀"声，若无阻值或无"喀喀"声，说明喇叭已坏，注意：测量时应将喇叭焊下，不可连机测量。

ⅵ. B_3 黄中周外壳是否未接未焊好。

ⅶ. 音量电位器是否未打开。

8.2 调频（FM）收音机

本节制作的是一个微型 FM 收音机。它具有电调谐单片 FM 收音机集成电路，调谐方便准确。本收音机的接收频率为 87～108MHz，且外形小巧、便于随身携带、有较高接收灵敏度、内设了静噪电路、抑制调谐过程中的噪声。

8.2.1 调频收音机的工作原理

电路的核心是单片收音机集成电路 SC1088。它采用特殊的低中频（70kHz）技术，外围电路省去了中频变压器和陶瓷变压器，使电路简单可靠，调试方便。SC1088 采用 SOT16 脚封装形式，表 8.4 是端子功能，图 8.13 是电路原理图。

表 8.4 FM 收音机集成电路 SC1088 端子功能

端子	功能	端子	功能	端子	功能	端子	功能
1	静噪输出	5	本振调谐回路	9	IF 输入	13	限幅器失调电压电容
2	音频输出	6	IF 反馈	10	IF 限幅放大器的低通电容器	14	接地
3	AF 环路滤波	7	IdB 放大器的低通电容器	11	射频信号输入	15	全通滤波电容搜索调谐输入
4	V_{cc}	8	IF 输出	12	射频信号输入	16	电调谐 AFC 输出

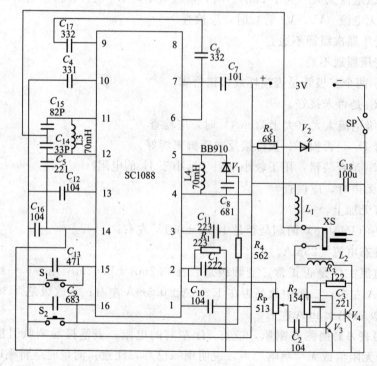

图 8.13 FM 收音机电路原理图

（1）FM 信号输入

如图 8.13 所示，调频信号由耳机线馈入经 C_{13}、C_{14}、C_{15} 和 L_1 的输入电路进入 IC 的 11、12 脚混频电路。此处的 FM 信号没有调谐的调频信号，即所有调频电台信号均可进入。

（2）本振调谐电路

本振电路中关键元器件是变容二极管，它是利用 PN 结的结电容与偏压有关的特性制成的"可变电容"。

变容二极管加反向电压 U_d，其结电容 C_d 与 U_d 的特性是非线性关系。这种电压控制的可变电容广泛用于电调谐、扫频等电路。

本电路中，控制变容二极管 V_1 的电压由 IC 第 16 脚给出。当按下扫描开关 S_1 时，IC 内部的 RS 触发器打开恒流源，由 16 脚向电容 C_9 充电，C_9 两端电压不断上升，V_1 电容量不断变化，由 V_1、C_8、L_4 构成的本振电路的频率不断变化而进行调谐。当收到电台信号后，信号检测电路使 IC 内的 RS 触发器翻转，恒流源停止对 C_9 充电，同时在 AFC（automatic freguency control）电路作用下，锁住所接收的广播节目频率，从而可以稳定接收电台广播，直到再次按下 S_1 开始新的搜索。当按下 Reset 开关 S_2 时，电容 C_9 放电，本振频率回到最底端。

（3）中频放大、限幅与鉴频

电路的中频放大，限幅及鉴频电路的有源器件及电阻均在 IC 内。FM 广播信号和本振电路信号在 IC 内混频器中混频产生 70kHz 的中频信号，经内部 1dB 放大器，中频限幅器，送到鉴频器检出音频信号，经内部环路滤波后由 2 脚输出音频信号。电路中 1 脚的 C_{10} 为静噪电容，3 脚的 C_{11} 为 AF（音频）环路滤波电容，6 脚的 C_6 为中频反馈电容，7 脚的 C_7 为低通电容，8 脚与 9 脚之间的电容 C_{17} 为中频耦合电容，10 脚的 C_4 为限幅器的低通电容，13 脚的 C_{12} 为中频限幅器失调电压电容，C_{13} 为滤波电容。

（4）耳机放大电路

由于用耳机收听，所需功率很小，本机采用了简单的晶体管放大电路，2 脚输出的音频信号经电位器 R_p 调节电量后，由 V_3、V_4 组成复合管甲类放大。R_1 和 C_1 组成音频输出负载，线圈 L_1 和 L_2 为射频与音频隔离线圈。这种电路耗电大小与有无广播信号以及音量大小关系不大，因此不收听时要关闭电源。

8.2.2　调频收音机的装配工艺

8.2.2.1　安装流程

流程如图 8.14 所示。

8.2.2.2　安装步骤及要求

（1）实习要求

① 了解 SMT 基础知识

ⅰ. SMC 及 SMD 特点及安装要求。

ⅱ. SMB 设计及检验。

ⅲ. SMT 工艺过程。

ⅳ. 再流焊工艺及设备。

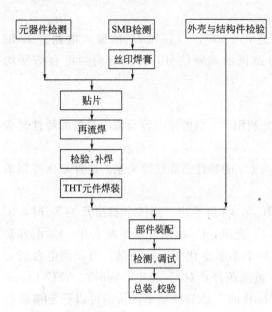

图 8.14　收音机安装流程图

② 了解实习产品简单原理

③ 掌握实习产品结构及安装要求

其中：SMB——表面安装印制板，THT——通孔安装，SMC——表面安装元件，SMD——表面安装器件。

（2）安装前检查

① 对照图 8.15 进行 SMB 检查

ⅰ．图形完整，有无短，断缺陷。

ⅱ．孔位及尺寸。

ⅲ．表面涂覆（阻焊层）。

② 外壳及结构件检查

ⅰ．按材料清单（见表 8.5）清查零件品种规格及数量（表贴元器件除外）。

ⅱ．检查外壳有无缺陷及外观损伤。

ⅲ．耳机。

③ THT 元件检测

ⅰ．电位器阻值调节特性。

ⅱ．LED、线圈、电解电容、插座、开关的好坏。

ⅲ．判断变容二极管的好坏及极性。

（3）贴片及焊接的步骤

① 利用丝印台施加焊膏，并检查电路板印刷焊膏情况。

② 按工序流程贴片。

顺序：C_1/R_1，C_2/R_2，C_3/V_3，C_4/V_4，C_5/R_3，$C_6/SC1088$，C_7，C_8/R_4，C_9，C_{10}，C_{11}，C_{12}，C_{13}，C_{14}，C_{15}，C_{16}。

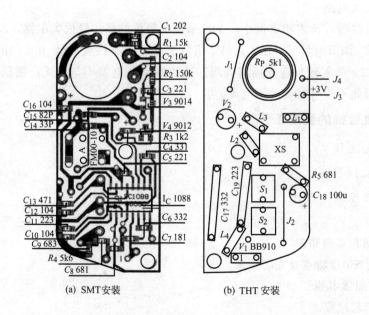

(a) SMT 安装　　　　(b) THT 安装

图 8.15　调频收音机安装图

表 8.5 FM 收音机材料清单

类别	代号	规格	型号/封装	数量	备注	类别	代号	规格	型号/封装	数量	备注
电阻	R_1	222	2012(2125) RJ1/8W	1		电感	L_1			1	
	R_2	154		1			L_2			1	
	R_3	122		1			L_3	70nH		1	8匝
	R_4	562		1			L_4	78nH		1	5匝
	R_5	681		1		晶体管	V_1		BB910	1	
电容	C_1	222	2012(2125)	1			V_2		LED	1	
	C_2	104		1			V_3	9014	SOT-23	1	
	C_3	221		1			V_4	9012	SOT-23	1	
	C_4	331		1		塑料件	前盖			1	
	C_5	221		1			后盖			1	
	C_6	332		1			电位器钮(内、外)			各1	
	C_7	181		1			开关钮(有缺口)			1	scan 键
	C_8	681		1			开关钮(无缺口)			1	reset 键
	C_9	683		1			卡子			1	
	C_{10}	104		1		金属件	电池片(3件)				正,负,连接片各1
	C_{11}	223		1			自攻螺钉			3	
	C_{12}	104		1			电位器螺钉				
	C_{13}	471		1		其他	印制板			1	
	C_{14}	330		1			耳机 32Ω×2			1	
	C_{15}	820		1			R_p(带开关电位器51k)			1	
	C_{16}	104		1			S_1、S_2(轻触开关)			各1	
	C_{17}	332	CC	1			XS(耳机插座)			1	
	C_{18}	100μ	CD	1							
	C_{19}	104	CT	1	223-104						
IC			SC1088	1							

注意:

① SMC 和 SMD 不得用手拿。

Ⅱ 用镊子夹持不可夹到引线上。

Ⅲ IC1088 的标记方向。

Ⅳ 贴片电容表面没有标志,一定要保证准确及时贴到指定位置。

③ 检查贴片数量及位置是否正确。

④ 之后运用再回流焊机进行焊接。

⑤ 检查焊接质量及修补。

(4) 安装 THT 元器件

ⅰ. 安装并焊接电位器 R_p,注意电位器与印制板平齐。

ⅱ. 耳机插座 XS。

ⅲ. 轻触开关 S_1、S_2 跨接线 J_1、J_2 (可用剪下的元件引线)。

ⅳ. 变容二极管 D_1（注意，极性方向标记），R_5，C_{17}，C_{19}。

ⅴ. 电感线圈 $L_1 \sim L_4$（磁环 L_1，红色 L_2，8匝线圈 L_3，5匝线圈 L_4）；

ⅵ. 电解电容 C_{18}（$100\mu F$）贴板装；

ⅶ. 发光二极管 D_2，注意高度（总高度为11mm左右）；

ⅷ. 焊接电源连接线 J_3、J_4，注意正负连线颜色。

8.2.3 调试与检测

8.2.3.1 检查与测量

（1）所有元器件焊接完成后目视检查

① 元器件　型号、规格、数量及安装位置，方向是否与图纸符合。

② 焊点检查　有无虚、漏、桥接、飞溅等缺陷。

（2）测总电流

ⅰ. 检查无误后将电源线焊到电池片上。

ⅱ. 在电位器开关断开的状态下装入电池。

ⅲ. 插入耳机。

ⅳ. 用万用表200mA挡跨接在开关两端测电流。正常电流应为7～30mA（与电源电压有关）并且 LED 正常点亮。样机测试结果见表8.6（供参考）。

表8.6　样机测试结果

工作电压/V	1.8	2	2.5	3	3.2
工作电流/mA	8	11	17	24	28

注意：如果电流为零或超过35mA应检查电路。

8.2.3.2 整机调试

（1）搜索电台广播

如果电流在正常范围，可按 S_1 搜索电台广播。只要元器件质量完好，安装正确，焊接可靠，不用调任何部分即可收到电台广播。

如果收不到广播应仔细检查电路，特别要检查有无错装、虚焊、漏焊等缺陷。

（2）调整接收频段（俗称调覆盖）

中国调频广播的频率范围为87～108MHz，调试时可找一个当地频率最低的 FM 电台（例如在北京，北京文艺台为87.6MHz）适当改变 L 的匝间距，使按过 Reset 键后第一次按 Scan 键可收到这个电台。由于 SC1088 集成高度，如果元器件一致性较好，一般收到低端电台后均可覆盖 FM 频段，故可不调高端而仅做检查（可用一个成品 FM 收音机对照检查）。

（3）调灵敏度

本机灵敏度由电路及元器件决定，一般不用调整，调好覆盖后即可正常收听。无线电爱好者可在收听频段中间电台（例为97.4MHz音乐台）时适当调整 L 匝距，使灵敏度最高（耳机监听音量最大）。

8.2.3.3 总装

（1）蜡封线圈

调试完成后将适量泡沫塑料填入线圈 L_4（注意不要改变线圈形状及匝距），滴入适量蜡使线圈固定。

（2）固定 SMB/装外壳

ⅰ．将外壳面板平放到桌面上（注意不要划伤面板）。

ⅱ．将 2 个按键冒放入孔内。

注意：scan 键帽上有缺口，放键帽时要对准机壳上的凸起，Reset 键帽上无缺口。

ⅲ．将 SMB 对准位置放入壳内。

注意：

① 注意对准 LED 位置，若有偏差可轻轻掰动，偏差过大必须重焊。

② 注意三个孔与外壳螺柱的配合。

③ 注意电源线，不妨碍机壳装配。

ⅳ．装上中间螺钉，注意螺钉旋入手法。

ⅴ．装电位器旋钮，注意旋钮上凹点位置。

ⅵ．装后盖，上两边的两个螺钉。

ⅶ．装卡子。

8.2.3.4　检查

总装完毕后，装入电池，插入耳机，进行检查，要求：

ⅰ．电源开关手感良好。

ⅱ．音量正常可调

ⅲ．能够正常收听

ⅳ．表面无损伤。

第 ⑨ 章
常用电子仪器仪表的使用

掌握电子仪器仪表的使用方法，是进行电子类实践学习和研究的基础。本章主要介绍高频信号发生器、示波器和各种测试仪器的使用方法。

9.1 YB1052型高频信号发生器

9.1.1 概述

YB1052型高频信号发生器可提供载频、调频、调幅信号。其有效工作频率范围为0.1～150MHz，输出频率由5位数码管LED指示，可存储十个工作频率及信号方式。

9.1.2 操作说明

9.1.2.1 前面板各控制和指示器件使用说明

前面板如图9.1所示，各控制和指示器件使用说明如下。

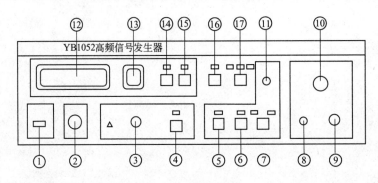

图 9.1 面板示意图

① ——电源开关。

② ——内音频输出。

③ ——外调制输入。

④ ——外调制选择按键。其上面的指示灯亮时，表明工作在外调制方式。

⑤ ——调幅控制按键。其上面的指示灯亮时，表明工作在调幅方式。

⑥ ——调频频制按键。其上面的指示灯亮时，表明工作在调频方式。

⑦ ——内置频率选择按键。其上面1kHz指示灯亮时，表明内调制频率为1kHz；400Hz指示灯亮时，表明内调制频率为400Hz。

⑧ ——射频输出幅度调节钮。

⑨——射频信号输出插座。

⑩——频率调谐钮。在按下存储或调取键后兼作存储单元的调节。

⑪——调制度调节钮。

⑫——工作频段选择按键。每按一次，转换一个频段，依次为 1→2→3→1。

⑬——频率快速调谐选择按键。其上面的指示灯亮时，表明工作在快速调节方式，这时频率调谐变化将加快。

⑭——存储的频率和工作方式调取按键。

⑮——射频频率和信号工作方式存储按键。

⑯——存储或调取单元编号显示数码管。0～9。

⑰——射频频率数码指示　5 位。

9.1.2.2　信号发生器的操作

信号发生器开机预热 5min 后，即能进入稳定的工作状态。仪器开机后将进入上次关机时的工作状态，然后根据需要就可按如下说明进行操作。

（1）频率和工作方式的存储

先调好要存储的信号频率和工作方式，然后按一下存储键，其上面的指示灯亮后，再用调谐电位器在 0～9 之间选一个单元，再按下存储键，指示灯熄灭后，所设置的信号频率和工作方式就存入所选择的单元中。

（2）存储内容的调取

先按一下调出键，其上面的指示灯亮后，再用调谐电位器在 0～9 之间选一个单元，再按一下调出键，指示灯熄灭后，就完成了调取。然后信号发生器就转换到原储存在该单元中的工作方式和频率工作。

（3）信号调制方法

仪器工作在内调制方式时，可选择 1kHz 或 400Hz 信号进行调制。设置在外调制方式时，调制频率范围相对来说比较宽。选定调频或调幅，调节调制电位器即可改变信号的调制深度，实现信号的调制输出。

（4）工作频段范围的设置

整机出厂前，工作频段的范围已经设置好，且两端略有余量，如果需要重新设置，可用以下方式设置。先将频段选择到所需的工作频段，然后按一下存储键，使存储指示灯亮，再旋转调频调谐旋钮，使显示数码与所需数对应，再按一下调出键，使调取指示灯亮。稍后再调谐频率调谐旋钮，使显示的频率符合要求，最后再按一下存储键，存储和调出指示灯熄灭后，所设置的频段的端点频率就被存入内存。待重新开机后，该端点频率将起作用。

9.2　YB4325 型示波器

YB4325 型示波器操作灵活、定位准确，具有光标读出测量功能，并且能够自动聚焦、自动触发锁定和释抑调节等。

9.2.1　面板控制键作用说明

面板如图 9.2 和图 9.3 所示。

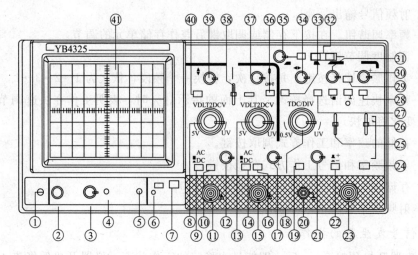

图 9.2　前面板示意图

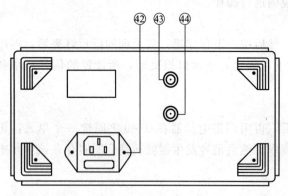

图 9.3　后面板示意图

9.2.1.1　示波管电路

④２——交流电源插座，该插座下部装有保险丝。检查电压插座上标明的额定电压，并使用相应的保险丝。该电源插座用来连接交流电源线。

⑦——电源开关（POWER），将电源开关按键弹出即为"关"位置，将电源线接入，按电源线开关键，接通电源。

⑥——电源指示灯。电源接通时指示灯亮。

②——辉度旋钮（INTENSITY），控制光点和扫描线的亮度，顺时针方向旋转钮，亮度增强。

③——聚焦旋钮（FOCUS），用辉度控制将亮度调至合适的标准，然后调节聚焦控制钮直至光迹达到最清晰的程度，虽然调节亮度时，聚焦电路可自动调节，但聚焦有时也会轻微变化，如果出现这种情况，需重新调节聚焦旋钮。

④——光迹旋钮（TRACE ROTATION），由于磁场的作用，当光迹在水平方向轻微倾斜时，该旋钮用于调节光迹与水平度平行。

⑤——读出字符加亮（READOUT INTEN），用于调节读出字符和光标亮度。

④１——显示屏，仪器的测量显示终端。

①——标准信号输出端子（CAL），提供 $(1\pm2)\%$ kHz，$(2\pm2)\%$ Vp-p 方波作本机 Y 轴 X 轴校准用。

④３——Z-轴信号输入（Z-AXIS INPUT）；外接亮度调制输入端。

9.2.1.2　垂直方向部分（VERTICAL）

⑪——通道1输入端 [CH1 INPUT（X）]，该输入端用于垂直方向的输入，在 X-Y 方式时，作为 X 轴校准用。

⑮——通道2输入端 [CH2 INPUT（Y）]，和通道1一样，但 X-Y 方式时，作为 Y 轴

输入端。

⑨、⑩、⑭、⑯——交流-直流-接地（AC DC GND），输入信号与放大器连接方式选择开关。

交流（AC）：放大器输入端与信号连接经电容器耦合；

接地（GND）：输入信号与放大器断开，放大器的输入短接地；

直流（DC）：放大器输入与信号输入端直接耦合。

⑧、⑬——衰减器开关（VOLTS/DIV），用语选择垂直偏转系数，共 12 挡。如果使用的是 10：1 的探极，计算时将幅度×10。

⑫、⑰——垂直微调旋钮（VARIBLE）。垂直微调用于连续改变电压偏转系数。此旋钮在正常情况下应位于顺时针方向到底的位置。将旋钮逆时针选到底，垂直方向的灵敏度下降到 2.5 倍以上。

⑩——断续工作方式开关。CH1、CH2 两个通道按断续方式工作，断续频率约为 250kHz，如果在交替扫描时，需要"断续"防护四可用此开关强制实现。

㊴、㊲——垂直位移（POSITION），调节光迹在屏幕中的垂直位置。

㊳——垂直方式工作开关（VERTICAL MODE），选择垂直方向的工作方式。

通道 1（CH1）：屏幕上仅显示 CH1 的信号。

通道 2（CH2）：屏幕上仅显示 CH2 的信号。

双踪（DUAL）：屏幕上显示双踪，交替或断续方式自动转换，同时显示 CH1 和 CH2 上的信号。

叠加（ADD）：显示 CH1 和 CH2 输入信号的代数和。

㊱——CH2 极性开关（INVERT）：按此开关时 CH2 显示反向信号。

㊹——CH1 信号输出端（CH1 OUTPUT）：输出约 100MV/div 的通道 1 信号。当输出端接 50Ω 匹配终端时，信号衰减一半，约为 50MV/div，该信号可用于频率的计数信号。

9.2.1.3 水平方向部分（HORIZONTAL）

⑱——主扫描时间系数选择开关（TIME/DIV），主扫描时间系数选择开关共 20 挡，在 $0.1\mu s \sim 0.5s/div$ 范围选择扫描速率。

㉗——X-Y 控制键；按入此键，垂直偏转信号介入 CH2 输入端，水平端转信号介入 CH1 输入端。

⑲——扫描非校准状态开关键：按入此键，扫描时基进入非校准调节状态，此时调节扫描微调有效。

㉑——扫描微调控制键（VARIBLE），此旋钮顺时针方向旋转到底时，处于校准位置，扫描由 Time/div 开关指示。

此旋钮逆时针方向旋转到底，扫描减慢 2.5 倍以上，当按㉑键未按入，旋钮㉔调解无效，即为校准状态。

㉞——水平位移（POSITION），用于调节光迹在水平方向移动。顺时针方向旋转该旋钮向右移动光际，逆时针方向选转向左移动光迹。

㉝——扩展控制键（MAG * 10）按下去时，扫描因数×10 扩展。扫描时间是 time/div 开关指示数值的 1/10。

9.2.1.4 触发系统（TRIGGER）

㉖——触发源选择开关（SOURCE），通道 1X-Y（CH1，X-Y）：CH1 通道信号为触发信号，当工作方式在 X-Y 方式时，拨动开关应设置于此挡。

通道 2（CH2）：CH2 通道的输入信号是触发信号。

电源（LINE）：电源频率信号为触发信号。

外接（EXT）：外触发输入端的触发信号是外部信号，用于特殊信号的触发。

㉔——交替触发（TRIGALT），在双踪交替显示时，触发信号来自两个垂直通道，此方式可用于同时观察两路不相关信号。

㉓——外触发输入插座（ETXT INPUT），用于外部触发信号的输入。

㉚——触发电平旋钮（TRIGLEVEL），用于调节被测信号在某选定电平触发，当旋钮转向"＋"时显示波形的触发电平上升，反之触发电平下降。

㉙——电平锁定（LOCK）：无论信号如何变化，触发电平自动保持在最佳位置，不许人工调解电平。

㉛——释抑（HOLDOFF）：当信号波形复杂，用电平旋钮不能稳定触发时，可用"释抑"旋钮使波形稳定同步。

㉒——触发极性按钮（SLOPE）触发极性选择。用于选择信号的上升沿和下降沿触发。

㉘——触发方式选择（TRIGMODE）

自动（AUTO）：在自动扫描方式时，扫描电路自动进行扫描。在没有信号输入或输入信号没有被触发同步时，屏幕上仍然可以显示扫描基线。

常态（NORM）：由触发信号才能扫描，否则屏幕上无扫描线显示。当输入信号的频率低于 50Hz 时，请用常态触发方式。

单次（SINGLE）：当"自动"（AUTO）"常态"（NORM）两键同时弹出被设置于单次触发工作状态，当触发信号来到时，准备（READY）指示灯亮，单次扫描结束后指示灯熄灭，复位键（RESET）按下后，电路又处于待触发状态。

9.2.1.5 读出功能

㉜——光标测量，光标开/关：按此键可打开/关闭光标测量功能。光标功能：按此键选择下列测量功能。

ΔV：电压差测量

$\Delta V\%$：电压差百分比测量（5div＝100％）

ΔVdB：电压增益测量（5div＝0dB）

ΔT：时间差测量

$1/\Delta T$：频率测量

DUTY：占空比（时间差的百分比）测量（5div＝100％）

PUASE：相位测量（5div＝360°）

光标-▽-▼（基准）：按此键选择移动的光标，被选择的光标带有"▽"或"▼"标记；当两种光标均带有标记时，两光标可同时移动。

㉟——位移：旋转此控制旋钮可将选择的光标定位。

读出开/关：同时按下"光标开/关"键和"光标功能"键，可打开/关闭示波器读出状态。探极×1/×10：指示探极状态×2/×10，按下"光迹-▽-▼（基准）"键的同时旋转光标"位移"㉟旋钮，可选择×1/×10探极转状态。

9.2.2　操作方法

9.2.2.1　基本操作

按下表9.1设置仪器的开关及控制旋钮或按键。

表9.1　设置查询表

项　目	编　号	设　置	项　目	编　号	设　置
电源	9	弹出	耦合	28	AC
辉度	2	顺时针 1/3 处	触发极性	25	＋
聚焦	4	适中	交替触发	27	弹出
垂直方式	42	CH1	电平锁定	32	按下
断续	44	弹出	释抑	34	最小（逆时针方向）
CH2 反相	39	弹出	触发方式	31	自动
垂直位移	40、43	适中	TIME/DIV	20	0.5ms/div
衰减开关	10、15	0.5V/div	扫描非校准	21	弹出
微调	14、17	校准位置	水平位移	37	适中
AC-DC-接地	11、12、16、18、	接地	×10 扩展	36	弹出
触发源	29	CH1	X-Y	30	弹出

设定了开关和控制按钮后，将电源线接到交流插座，然后按如下步骤操作：

ⅰ．打开电源开关，电源指示灯变亮，约为20s后，示波器屏幕上会显示光迹，如60秒钟后仍未出现光迹，应按上表检查开关和控制按钮的设定位置。

ⅱ．调节辉度（INTEN）和聚焦（FOCUS）旋钮，将光迹亮度调到合适，且最清晰。

ⅲ．调节 CH1 位移旋钮激光及旋钮，将扫线调到与水平中心刻度线平行。

ⅳ．将探极连接到 CH1 输入端，将2Vp-p校准信号加到探极上。

ⅴ．将 AC-DC-GND 开关拨到 AC，屏幕上将会出现如图 9.4 所示的波形。

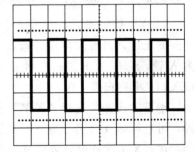

图 9.4　单通道波形

ⅵ．调节聚焦（FOCUS）旋钮，使波形达到最清晰。

ⅶ．为便于信号的观察，将 VOLTS/DIV 开关和 TIME/DIV 开关调到适当的位置，是信号波形幅度适中，周期适中。

ⅷ．调节垂直位移和水平位移旋钮到适中位置，使显示的波形对准刻度线且电压幅度（V_{p-p}）和周期（T）能方便读出。

上述为示波器的基本操作步骤。CH2 的单通道操作方法与 CH1 类似，进一步的操作方法在下面章节中逐一讲解。

9.2.2.2　双通道操作

将 VERT MODE（垂直方式）开关置双踪（DUAL），此时，CH2 的光迹也显示在屏

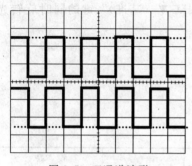

图 9.5 双通道波形

幕上，CH1 光迹未校准信号方波，CH2 因无输入信号显示为水平基线。

如同通道 CH1，将校准信号接入通道 CH2，设定输入开关为 AC，调节垂直方向位移旋钮㉟和㊴，使两通道信号如图 9.5 所示。

双通道操作时（双踪或叠加），"触发源"开关选择 CH1 或 CH2 信号，如果 CH1 和 CH2 信号为相关信号，则波形均被稳定显示；如为不相关信号，必须使用"交替触发"（TRIGALT）开关，那么两通道不相关信号波形也都被稳定同步。但此时不可同时按下"断续"（CHOP）和"交替触发"（TRIG ALT）开关。

5ms/div 以下的扫速范围使用"断续"方式，2ms/div 以上扫描范围为"交替"方式，当"断续"开关按入时，在所有扫速范围内均以"断续"方式显示两条光迹，"断续"方式优先"交替"方式。

9.2.2.3　叠加操作

将垂直方式（VERTMODE）设定在相加（ADD）状态，可在屏幕上观察到 CH1 和 CH2 信号的代数和，如果按下了 CH2 反相（INV）按键开关，则显示为 CH1 和 CH2 信号之差。

如要想得到精确的相加或相减，借助于垂直微调（VAR）旋钮将两通道的偏转系数精确调整到同一数值上。

垂直位移可由任意通道的垂直位移旋钮调节，观察垂直放大器的线性，将两垂直旋钮设定到中心位置上。

9.2.2.4　X-Y 操作与 X 外界操作

"X-Y"按键按下，内部扫描电路断开，由"触发源"（SOURCE）选择的信号驱动水平方向的光迹。当触发源开关设定为"CH1（X-Y）"位置时，示波器为"X-Y"工作，CH1 为 X 轴、CH2 为 Y 轴；当触发源设定外接（EXT）位置时，示波器便为"X 外接方式"（EXTHOR）扫描工作。

垂直方式开关选择"X-Y"方式，触发源开关选择"X-Y"，CH1 为 X 轴，CH2 为 Y 轴，可进行 X-Y 工作。水平位移旋钮直接用作 X 轴。

注：X-Y 工作时，若要显示高频信号则必须注意 X 轴和 Y 轴之间相位差及频带宽度。

X 外接（EXT）操作：

作用在外触发输入端㉑上的外接信号驱动 X 轴，任意垂直信号由垂直工作方式（VERTMODE）开关选择，当选定双踪（DUAL）方式时，CH1 和 CH2 信号均以断续方式显示，见图 9.6 和图 9.7 所示。

9.2.2.5　触发

正确的触发方式直接影响示波器有效操作，因此必须熟悉各种触发功能及操作方法。

（1）触发源开关功能

选择所需要显示的信号自身或是与显示信号具有时间关系的触发信号作用于触发，以便在屏幕上显示稳定的信号波形。

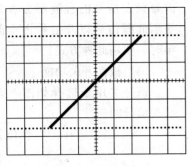

图 9.6　X 轴操作

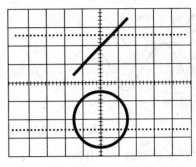

图 9.7　X-Y 操作

① CH1　CH1 输入信号作为触发信号。

② CH2　CH2 输入信号作为触发信号。

③ 电源（LINE）　电源信号用作触发信号，这种方法用在被测信号与电源频率相关信号时有效，特别是测量音频电路、闸流管电路等工频电源噪声时更为有效。

④ 外接（EXT）　扫描由作用在外触发输入端的外加信号触发，使用的外接信号与被测信号具有周期性关系，由于被测信号没有用作触发信号，波形的显示与测量信号无关。

上述触发源信号选择功能如表 9.2 所示。

表 9.2　触发源信号选择功能

触发源 ＼ 垂直方式	CH1	CH2	DUAL	ADD
CH1	由 CH1 信号触发			
CH2	由 CH2 信号触发			
ALT	由 CH1 和 CH2 交替触发			
LINE	由交流电源信号触发			
EXT	由外接输入信号触发			

（2）耦合开关的功能

根据被测信号的特点，用此开关选择触发信号的耦合方式。

① 交流（AC）　这是交流耦合方式，由于触发信号通过交流耦合电路，而排除了输入信号的直流成分的影响，可得到稳定的触发。该方式在低频为 10Hz 以下，使用交替触发方式且扫速较慢时，如产生抖动可使用直流方式。

② 高频抑制（HF REJ）　触发信号通过交流耦合电路和低通滤波器（约 50kHz-3dB）作用到触发电路，触发信号中高频成分通过滤波器被抑制，只有低频信号部分作用到触发电路。

③ 电视（TV）　TV 触发，以便于观察 TV 视频信号，触发信号经交流触发耦合通过触发电路，将电视信号馈送到电视同步分离电路，分离电路拾取同步信号作为触发扫描用，这样视频信号能稳定显示。调整主扫描 TIME/DIV 开关，扫描速率根据电视的场和行作如下切换：TV-V：0.5s ～ 0.1ms/div；TV-H：0.5μs/div. 极性开关设定如图 9.8 所示，以便与视频信号一致。

④ DC　触发信号被直接耦合到触发电路，触发

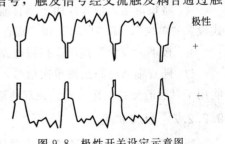

图 9.8　极性开关设定示意图

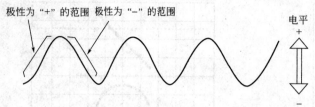

极性为"+"的范围　极性为"－"的范围

图 9.9　触发信号极性示意图

需要触发信号的直流部分或是需要显示低频信号以及信号占空间比很小时，使用此种方式。

（3）极性开关功能

该开关用于选择如图 9.9 所示触发信号的极性。

"＋"当设定在正极性位置，触发电平产生触发信号上升沿。

"－"当设定在负极性位置，触发电平产生触发信号下降沿。

（4）电平控制器控制功能

该旋钮用于调节触发电平以稳定显示图像，一旦触发信号超过控制旋钮所设置触发电平，扫描即被触发且屏幕上稳定显示波形，顺时针旋动旋钮，触发电平向上变化，反之向下变化，变化特性如图 9.10 所示。

① 电平锁定　按下电平锁定（LOCK）开关时，触发电平被自动保持在触发信号的幅度之内，且不需要进行电平调节可得到稳定的触发，只要屏幕信号幅度或外接触发信号输入电压在下列范围内，该自动触发所定功能都是有效的。

② YB4325　50Hz～20MHz≥2.0DIV（0.25V）

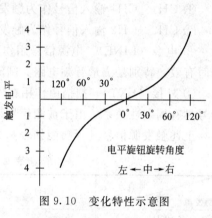

图 9.10　变化特性示意图

（5）"释抑"控制功能

当被测信号为两种频率以上的复杂波形时，上述提到的电平控制触发可能并不能获得稳定波形。此时，可通过调整扫描波形的释抑时间（扫描回程时间），使扫描与被测信号波形同步。

9.2.2.6　单次扫描工作方式

非重复信号和瞬间信号通常的重复扫描工作方式，在屏幕上很难观察。这些信号必须采用单次工作方式显示，并可拍照以供观察。

ⅰ."自动"和"常态"按钮均弹出。

ⅱ.将被测信号作用于垂直输入端，调节触发电平。

ⅲ.按下"复位"按钮，扫描产生一次，被测信号在屏幕上仅显示一次。

测量单次瞬变信号：

ⅰ.将触发方式设为常态。

ⅱ.将校准输入信号作用于垂直输入端，根据被测信号的幅度调节触发电平。将触发方式设为"单次"，即"自动"和"常态"均弹出，在垂直输入端重新介入被测信号。

ⅲ.按下"复位"按钮，扫描电路处于"准备"状态且准备指示灯变亮。

ⅳ.随着输入电路出现单次信号，产生一次扫描把单次瞬变信号显示在屏幕上。但是不能用于双通道交替工作方式。在双通道单次扫描工作方法中，应使用断续方式。

9.2.2.7　扫描扩展

当被显示波形的一部分需要沿时间轴扩展时，可使用较快的扫描速度，但如果所需扩展部分远离扫描起点，此时欲加速扫速，它可能跑出屏幕。在此种情况下可按下扩展开关按钮，现实的波形由中心向左右两个方向扩展为 10 倍。

扩展操作过程中的扫描时间如下：(TIM/DIV 开关指示值)×1/10。

因此，未扩展的最快扫描值随着扩展变化为（如 0.1μs/div）。

0.1μs/div×1/10＝10ns/div

9.2.2.8　读出功能

选择的灵敏度输入、扫描时间等显示位置均匀。

注：当"触发方式"为"常态"时，CRT 上无任何光迹与信号点，与观察信号按下"自动"按钮。

（1）CH1 显示

当"垂直方式"开关为 CH1、KUAL 或叠加时。CH1 的设定值显示，这些值在 CH2 方式是不显示。

ⅰ. 当设定探极×10 时显示"P10"。

ⅱ. V/DIV 校准位于"非校准"位置时，出现"＞"符号。

ⅲ. 现实选择的灵敏度为 1mV～5V（探极×10 时，10MV～50V）。

ⅳ. 设定为 X-Y 按钮，垂直方式为 CH2 时下标出现"X"标志，在双踪时下标出现"Y1"标志。

（2）CH2 显示

"垂直方式"为 CH2、双踪或叠加时，CH2 信号的设定值显示，这些值在 CH1 方式时不显示。

ⅰ. 当设定探极×10 时显示"P10"。

ⅱ. "＞"标志指 V/DIV 为"非校准"位置。

ⅲ. 显示选择的灵敏度为 1mV～5V（探极×10 时，10MV～50V）。

ⅳ. 设定为 X-Y 按钮，垂直方式为 CH2 时下标出现"Y"标志，在双踪时下标出现"Y2"标志。

（3）叠加（相减）及 CH2 反向显示

ⅰ. 叠加相减及反向功能。

ⅱ. "＋"表示垂直方式为"叠加方式"，CH1 和 CH2 输入信号相叠加，按下 CH2 反向时，实现 CH1 和 CH2 相减。

ⅲ. "↓"现实表明垂直方式为 CH2 或双踪，且使用了 CH2 反向按钮。

（4）实际显示

扫描时间显示。

ⅰ. A 扫描时间前出现 A；

ⅱ. "＝"表示正常，"＊"表示使用了×10 扩展，"＞"表示用了"扫描非校准"旋钮；

ⅲ. 表示选择时间的扫描时间：10ns～0.5s，使用"X-Y"按钮会显示"X-Y"。

（5）断续/交替显示

垂直方式设定为"双踪"时，断续或交替显示，按下 X-Y 按钮时，会出现"X_{EXT}".

（6）TV-V/TV-H 显示

当"触发耦合"开关设定为 TV 时，TV-V/TV-H 显示。

（7）光标测量值显示

七种功能的相关显示如下。

ⅰ. 通过按钮"光标功能"来选择七种功能（ΔV、ΔV%、ΔVdB、ΔT、1/ΔT、DU-TY、PUASE）中的一种，这里电压 ΔV 功能提供不同类型的 ΔV 如图如表 9.3 所示。

表 9.3　不同类型的 ΔV

		垂 直 方 式			
		CH1	CH2	双踪	叠加
触发源	CH1	ΔV_1	ΔV_2	ΔV_1	ΔV_{12}
	CH2				
	电源			ΔV_2	
	外接				
	X-Y	＊1	ΔV_Y	ΔV_{Y1}	＊1

注：＊1：当 X-Y 方式为设定到位时，将会出现错误信息："X-Y Mode error"。

ⅱ. 在 ΔV 功能中，显示极性"＋"或"－"："＋"当"▽"光标在"▼"（基准）光标之上；"－"当"▽"光标在"▼"（基准）光标之下。

ⅲ. 显示七种光标测量功能的测量值与单位。

ΔV：0.0～40.0V（400V 在探极×10）

注：当 V/DIV 校准设定为非校准位置或是垂直方式为"叠加"但 V/DIV 上 CH1 和 CH2 灵敏度不相同时，测量单位以刻度显示（0.00～8.00div）。

ΔV%：0.0%～160%（5div＝100%基准）

ΔVdB：－14.9dB～＋4.08div（5div＝0dB 基准）

ΔT：0.0ns～5.00s

注：当"扫描非校准"按钮按入时，测量值以刻度显示（0.00～10.00div）。

1/ΔT：200.0mHz～2.500GHz

注：当"扫描非校准"按钮按进或两光标交叠时，显示"???"表示未知。

DUTY：0.0%～200.0%（5div＝100%基准）

PUASE：0.0°～270°（5div＝360°基准）

注：除 ΔT（%、dB）外，均可选择其他功能，如果使用了 X-Y 按钮，会出现未知值"???"。

9.2.2.9　探极校准

如前所述，为使探极能够在本机频率范围内准确衰减，必须有合适的相位补偿，否则显示的波形就会失真，因此再使用之前，探极必须作适当的补偿调节。将探极 BNC 接到 CH1 或 CH2 输入端，将 VOLTS/DIV 设定 5MV 挡，

微调器

图 9.11　调节补偿电容得出波形示意图

将探极接到校准电压输出端，如图 9.11 所示调节探极上的补偿电容，使屏幕上的波形到最佳方波。

9.3　PD1230A 型频率特性测试仪

PD1230A 低频频率特性测试仪由扫频信号发生器、频率计和显示单位等电路组成，它

用动态扫频测量技术给出一个可靠的结果，长余辉示波管直接显示被测设备的频率特性，在 $20\mathrm{Hz}\sim2\mathrm{MHz}$ 范围内分两个频段作手动、线性、对数三种方式扫频，可以快速直观地测量和调整放大器、检波器、电声器件等有源、无源四端网络的幅频特性，尤其对各种滤波器（陶瓷滤波器、机械滤波器、集中参数滤波器）的测试结果较为理想。能替代通常的正弦波信号发生器，脉冲信号发生器工作。

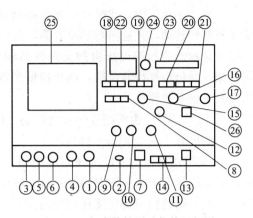

图 9.12　频率特性测试仪前面板图

9.3.1　面板图说明

前面板图如图 9.12 所示。

① 电源 \ 辉度　向外拉出，机上总电源接通，在电源接线良好的情况下，绿色指示灯发光，顺时针方向旋转荧光屏上光迹亮度增加，反之则减少。

② 指示灯　指示仪器已进入工作状态。

③ 聚焦　控制荧光屏上光迹的粗细，一般调至光迹约 1mm 粗。

④ X 位移　随旋钮左右旋转，扫描光迹左右移动。

⑤ Y 位移　随旋钮左右旋转，扫描光迹左右移动。

⑥ Y 增益　使扫频曲线图形达到 Y 全偏转。

⑦ Y 输入　输入 $20\mathrm{Hz}\sim2\mathrm{MHz}$ 经过被测四端网络的信号，亦可输入已检波信号。

⑧ Y 输入衰减　具有 3dB、6dB、20dB 三挡，由互锁按键控制，按下三种衰减值中任一挡，信号即被衰减相同数值，全部按下即为 0dB。

⑨ 手动扫频　在手动工作时控制显示屏光迹位置和压控振荡器的输出频率。

⑩ 扫频时间　在 $1\sim30\mathrm{s}$ 内自由调节，当旋钮顺时针转动时，扫频时间增长，反之则缩短。

⑪ 扫频宽度　频段 $0.01\sim f_{\max}$ 内自由选用，顺时针旋转扫宽增大，反之则减小。

⑫ 起扫频率　采用多圈电位器控制压控振荡器的起始振荡频率，起扫频率电压与扫描振荡器输出的锯齿波同时对压控振荡器起作用，因而在使用中应与扫宽旋钮配合使用，使最高振荡频率控制在技术条件内（即面板上红色发光二极管不工作，若红色发光二极管工作应立即缩减扫宽以免仪器损坏）。

⑬ 扫频输出　具有 75Ω 特性阻抗最大 2.45V 的扫频信号输出供被测设备使用。

⑭ 输出衰减　由七挡自锁按键控制可作成 1dB 步进，总衰减值达 70dB 的衰减范围。

⑮ 输出微调　配合输出衰减可得到任意输出值。

⑯ 、⑰ 频标幅度　由两只电位器担任，左边的旋钮控制小频标幅度，右边的旋钮控制大频标幅度，使用中可与扫频时间旋钮适当配合使荧光屏上频标显示稳定，大小适中。

⑱ 检波方式选择　具有"线性""对数""外检"三挡，由互锁按键控制，按下检波方式选择中"先行"键，使用 Y 坐标为线性刻度的显示方式；按下"对数"键，使用 Y 坐标为对数刻度的显示方式；按下"外检"键，使用 Y 坐标为线性刻度的显示方式，此时输入讯号是已被检波的直流信号。

⑲ 扫频方式选择　具有"手动""线性"及"对数"三挡，由互锁键控制，按下扫频方

式选择中"手动"键，此时压控振荡器及显示器的扫控电压均由"手动扫频"电位器控制，旋钮顺时针转动，光迹向右频率升高，反之类推；按下扫频方式选择中"线性"键，压控振荡器和显示器的扫控电压由扫描振荡器输出之锯齿波供给；按下扫频方式选择中"对数"键，显示器仍由锯齿波供给，而压控振荡器的扫频电压由指数放大器输出的指数电压控制，输出频率呈对数性质。

⑳ 波段选择　由两挡互锁按键控制，按下Ⅰ键，输出频率范围为 20Hz～20kHz；按下Ⅱ键，输出频率为 20kHz～2MkHz。

㉑ 频标选择　与波段选择对应使用，Ⅰ频段具有 1～10kHz、0.1～1kHz 两种组合频标，Ⅱ频段具有 100～1MHz、10～100kHz、1～10kHz 三种组合频标，由三挡互锁按键控制，根据不同的扫频宽度选择相应的频标，原则是荧光屏上以小于和等于 20 个小频标和 2 个大频标为宜。

㉒ 输出电压　直读仪器输出电压值。

㉓ 频率显示　由五位数码管显示，小数点自动转换。在手动扫频时指示仪器输出频率，自动扫频时不工作。

㉔ 警示　指示扫频宽度和起扫频率工作状态已超出正常范围。

㉕ 显示器

㉖ 简谐 TTL　具有简谐及 TTL 电平脉冲输出两种，当采用 TTL 电平脉冲波输出时，输出衰减不起作用。

9.3.2　使用前检查

按图 9.13 连接好仪器，按下"扫频方式选择"中"线性"键，"频段选择"中Ⅰ键或Ⅱ键，"频标选择"中 1～10kHz（100kHz～1MHz）键，输出衰减中 2dB 及 20dB 键，"检波方式选择"中"线性"键，"起始频率"旋钮逆时针旋转到底，拉出辉度口电源旋钮，按电源绿色指示灯亮，输出电压显示≥2.45V，调节"Y 位移"及"Y 增益"使屏幕上出现扫描方框，回扫线落在 -50dB 下放之基线上，扫频曲线在 -10dB 刻度线上且扫频曲线上有呈线性排列的组合频标，应有 2 个大频标 20 个小频标，扫频曲线不平坦度在 5% 以内。

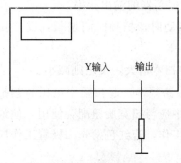

图 9.13　检查接线图

将"检波方式选择"中"对数"键按下，输出衰减置"0dB"，调节"Y 增益"使扫频曲线落在 +10dB 刻度线上。回扫线仍在基线上，使"输出衰减"呈 10dB、20dB、30dB、40dB、50dB、60dB 变化，扫频曲线在屏幕上作相应线性变化，误差在允许范围之内。

若需观测点频，可按下"扫频方式选择"中"手动"键，此时计数器工作，指示手动频率。

注意：使用仪器时任何时候均不允许警示灯燃亮，灯亮表示对仪器操作不当已超出仪器性能允许使用范围，应立即减小扫频宽度或降低起扫频率至灯息为止，否则将造成仪器工作失常与损坏。

9.3.3　阻抗匹配

使用中被测网络与测试仪器阻抗均应匹配：即被测网络的输出电阻与扫频仪的输出阻抗

匹配，输出电阻应与检测系统的输出阻抗匹配，一般情况下被测网络的输入电阻大于信号源的输出电阻，匹配时可参考如下方式进行：被测的输入端与扫频仪输出端间串接电阻进行匹配，串接值为被测网络的输入电阻减去信号源的输出电阻，而被测网络的输出端与检测系统输入端间则采用并联一个被测网络终端电阻进行匹配。

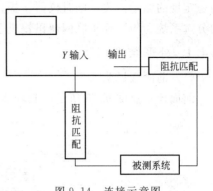

图 9.14　连接示意图

9.3.4　准确图样的取样

将仪器与被测系统按图连接，如图 9.14 所示。

用频段全景对被测网络进行搜索图形后调节"起扫频率"与"扫频时间"旋钮，将图形移至屏幕中央并展宽，并调节"起扫频率"与"扫频时间"旋钮，使频标稳定清晰，再调节输出信号幅度使圆形达到顶部，回扫线在水平基线上，若显示的频标少于 2 个，上面有更小的频标选择可供选用，可按下另一频标按钮，原则上屏幕显示小频标以小于或等于 20 为宜。

9.3.5　频率特性测试

（1）20dB 以内特性的测试

这是对应通常应用范围，通带波动为 0.1 矩形系数及低频放大器一些特性的测试。步骤如下。

视被测网络性能设定"扫频方式选择"、"频段选择"、"频标选择"中相应按键，"检波方式选择"置"线性"，"简谐 TTL"置"简谐"，"Y 输入衰减"置成 0dB，调节"起扫频率""扫频宽度""扫频时间""频标幅度"及改变"输出衰减"，使屏幕上频标清晰正确显示，即波形在屏幕中心顶格显示，若需测 −3dB 或 −6dB 宽带使用"输出衰减"使信号减少 3dB 或 6dB 记下波形顶部下降高度，恢复正确图形后在此高度上的对应频率即为 −3dB 或 −6dB 宽带。该频率可用频标读出，亦可用仪器上的频率计直接读出。

（2）60dB 内特性的测试

适用于滤波器阻带特性及波形特性的测量。按"检波方式选择"中"对数"键，其余各功能键及旋钮视被测网络特性设定，使波形正确显示，这时的带内波被对数压缩看不见而阻带被显示，从屏幕刻度线上可读取 dB 位各点的频率亦可参照上一条所提方法判读。

（3）"简谐 \ TTL"

置成 TTL 选择不同的扫频方式，仪器即可提供 TTL 电平的方波供使用。

9.4　电容测试仪

TH2617A 型电容测量仪是一种高精度、宽测试范围的电容参数测量仪器，可方便选择 100Hz、120Hz、1kHz、20kHz、10kHz、40kHz、100kHz 六个典型测试频率，并可选择 0.1V、0.3V、1.0V 三个测试信号电平。可测量电容 C、串联等效电阻 ESR、并联等效电阻 EPR、损耗角正切值 D 等多种参数。TH2617A 提供了独特的双频测试功能，仪器可同时在两个任意设定的频率下测试并将结果输出显示和分选。本仪器要将强大的功能、优势的性能及简单的操作结合在一起，既能适应生产现场高速检验的需要，又能满足实验室高准确度高稳定度的测量需要，同时仪器所提供的 HANDLER 及 RS232C 接口为仪器使用于元件自动分选系统和与计算机联网通讯提供了条件，直接将仪器测量结果输出至打印机。

9.4.1　外形结构

（1）前面板说明

前面板示意图 9.15 所示，其功能说明见表 9.4。

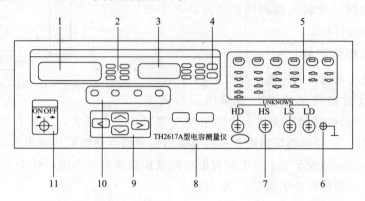

图 9.15　面板图

表 9.4　功能说明

序号	名　称	功　能　说　明
1	显示器 A	五位数字显示，用于显示 C、R 的测量结果，可以直读、绝对偏差 Δ、相对偏差 Δ% 三种方式进行显示，也用于参数设置时的信息指示等
2	显示器 A 单位指示	显示直读或 Δ 测量时主参数单位
3	显示器 B	用于显示单、双频的测量结果，也用于参数设置时的信息指示等
4	显示器 B 单位指示	TH2617 无 Pf、nF、Mf、Ω、kΩ、MΩ 指示，五位数字显示
5	功能指示	
6	接地端（GND）	用于性能检测或测量时的屏蔽接地，接地端与仪器外客金属部分直接相连，即仪器金属部分与该接地端等电位，仪器 220V 输入端保护地与该接地相连
7	测试端	
8	商标型号	同惠，TH2617A 电容测量仪
9	键盘	仪器所有功能状态均由此六按键键盘完成
10	分选指示	分选 ON 时，指示分选结果
11	电源开关	接通或断开仪器 220V 电源，在"ON"状态，电源接通，"OFF"状态，电源断开

（2）后面板说明

后面板功能说明见表 9.5。

表 9.5　功能说明

序号	名　称	功　能　说　明
1	RS-232C 串行接口（9 芯）	提供仪器与外部设备的串行通信接口，所有参数设置命令，结果输出均可由外部控制设备通过该接口完成
2	HANDLER 接口（9 芯）	该接口与外部机械处理设备连接将仪器分选结果输出
3	打印接口（25 芯）	25 芯插座，使用该接口可使仪器与外部具标准并行接口的打印机相连，可将仪器参数设置情况，测量及分选结果等输出至打印机
4	保险丝	用于保护仪器，1A
5	三线电源插座	用于连接 220V、50Hz 交流电源
6	铭牌	用于指出该台仪器的如下信息：制造计量器具许可证号、使用电源、制造日期、出厂编号、生产厂家

9.4.2 操作说明

9.4.2.1 键盘及仪器功能

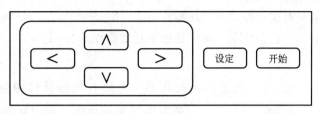

图 9.16 键盘示意图

TH2617A 型电容测量仪仅有六个按键，如图 9.16 所示，仪器所有功能只需使用该键盘即可完成。键盘均为复用按键，所有按键无直接意义。图 9.17 为各按键及按键序列所表示的功能。仪器所有功能通过键盘在三层菜单中获得，本章详细介绍获得仪器各功能的操作方法。

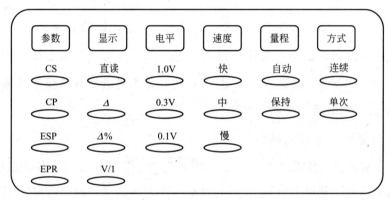

图 9.17 功能示意图

以下将仪器未按"设定"键而处于正常测量状态时称为"测量"状态，按一次"设定"称为"设定一"状态，按两次"设定"称为"设定二"状态。

各层菜单所实现功能如下。

（1）第 0 层菜单（对应"测量"状态）

本菜单功能直接在面板上指示，仪器在"测量"状态时使用"∧""∨""<"">"即可获得。

该层菜单可得到如下功能。

① 测量参数

ⅰ. TH2617A 可选择 C/D、R/D、C/C、R/R、D/D。（首参数为第一频率下测试值，次参数为第二频率下测试值）

ⅱ. TH2617A 单频时仅可选择 C/D、R/D。双频时参数为第一频率 F1 测量结果，由显示器 A 显示，次参数为第二频率 F2 测量结果，由显示器 B 显示。

② 显示方式 可选择直读，Δ（绝对误差），Δ%（百分比误差），V/I（电压/电流）四种方式进行显示。

③ 测试信号电平 1.0V、0.3V、0.1V。

④ 测量速度　快速、中速、慢速。

⑤ 量程选择方式　自动、保持。

⑥ 测量方式　连续、单次。

（2）第一层菜单（对应"设定一"状态）

本菜单在"设定一"状态使用，可完成如下功能操作。

9.4.2.2　状态转换

仪器开机时处于"测量"状态，在此状态，可以直接选择"测量"状态所有功能，

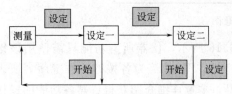

图 9.18　状态转换图

若需选择其他功能，则应转换按键 设定 和 开始 至相应状态。状态转换方法如图 9.18 所示：

在各状态按 ∧ 、 ∨ 、 < 、 > 可在该状态得到所需相应功能。功能设定完毕必须根据图 9.18 回到"测量"状态方可进行测量操作。

文字解释如下：

在"测量"状态，按" 设定 "，进入"设定一"状态，该状态为最常用状态，在"测量"状态未有功能均在该状态，尤其是频率设定。在"设定一"状态按" 开始 "返回至"测量"状态，按" 设定 "则进入"设定二"，在此状态可进行分选极限及标称值的设定，在此若按" 开始 "则退回"测量"状态。

9.4.2.3　"测量"状态功能转换

各状态下所有功能均使用" ∧ "" ∨ "" < "" > "四键完成，各状态功能包括功能项和参数项两类，例"测量参数"，"测量频率"等为功能项，而"C/Q""R/D""C/C""R/R""D/D"为对应于"测量参数"的参数，"100Hz""120Hz""1kHz""10kHz""40kHz""100kHz"为对应于功能项"测量频率"的参数。

在"测量"状态，共有"参数"、"显示"、"电平"、"速度"、"量程"、"方式"六项功能，分别对应六个 LED 指示灯，每次仅可设定一项功能，则此六个指示灯仅能有一个亮。

"测量"状态功能在开机初始时状态如下。

功能	参数
参数：	＊见下注
显示：	直读
电平：	1.0V
速度：	慢
量程：	自动
方式：	连续

注：TH2617A 初始参数为：C/D。

使用时用" < "" > "两键可左右选择至某一功能项指示灯，表示选中该功能，然后使用" ∧ "" ∨ "两键可上下选择属于该功能的参数，使相应参数指示灯亮，表示选中该参数。

9.4.2.4　"设定一"状态转换

"设定一"状态转换如表 9.6 所示。

表 9.6　状态转换

| 功　能 | | | 参　数 | |
序　号	名　称	显示器 B	名　称	显示器 A
0	测量频率 1	FRE1－	100Hz	0.1000
			120Hz	0.1201
0	测量频率 1	FRE1－	1kHz	1.0000
			10kHz	10.000
			40kHz	40.000
			100kHz	100.00
1（－13）	测量频率 2	FRE2－	100Hz	0.1000
			120Hz	0.1201
			1kHz	1.0000
			10kHz	10.000
			40kHz	40.000
			100kHz	100.00
2（－12）	单、双频转换	S-D－－	单频	SF
			双频	DF
3（－11）	平均次数	AVE－－	1-20	1-20
4（－10）	等效方式	EQU－－	串联	SER
			并联	PAR
5（－9）	D PPM 显示	PPD－－	关	OFF
			开	ON
6（－8）	讯响音量	VOL－－	高	Hi
			低	Lo
			关	OFF
7（－7）	讯响状态	ALA－－	挡一	P1
			挡一	P2
			挡一	P3
			不合格	NG
			开	ON
8（－6）	非清"0"显示	NCL－－	关	OFF
			开	ON
9（－5）	串行口	RSC－－	关	OFF
			开	ON
10（－4）	打印口	PRN－－	关	OFF
			开	ON

功　能			参　数	
序　号	名　称	显示器 B	名　称	显示器 A
11（－3）	处理器口	HAN－－	关	OFF
			开	ON
12（－2）	分选	SOR－－	关	OFF
			△%	PER
			△	ABS
			直读	DIR
13（－1）	清"0"	CLR－－	开路	OPEN
			短路	SHORT

9.4.2.5　元件分选（"设定二"状态）

TH2617A 在单频时分选共可分为四挡，分别为 P1、P2、P3、NG。双频时分选也分为四挡，分别定义为 PF1、PF2、PASS、NG，PF1 为频率 1 测量合格，PF2 为频率 2 测量合格，PASS 为两种频率测量均合格，当某一频率测量不合格时，NG 有效。分选时单频与双频使用同一指示灯，如面板所示，NG-NG，P1-PASS，P2-PF1，P3-PF2。

NG 为不合格挡——即只要主参数或副参数有一项不合格，则 NG 有效，P1～P3 为合格档，其条件为当副参数合格时，主参数满足某一挡的极限条件即为该挡有效。

TH2617A 可以三种方式进行分选，即直读方式（DIR）、绝对偏差方式（ABS）、相对偏差方式（PER），选用何种方式分选与读数方式（直读、△、△%）无关。例：读数可以直读显示，而分选可以 △% 进行。

为了对元件进行合适的分选，测试参数应尽可能按技术要求规定，或元件实际工作情况进行设置。在进行分选之前，将测试参数（功能、频率、电平、速度、等效等），设置为最佳条件。

分选启动工作和设定由"设定一"状态"SOR"功能完成，"SOR"共有四种状态，分为：PER、ABS、DIR、OFF，在分选前和挡极限、标称值设定前应选定以何种方式进行。

分选工作且在单次测量时同时可使 HANDLER 处理机接口工作，HANDLER 接口的作用为从外部获得启动信号并将分选结果输出，仪器从接口输出 WAIT 和 EOC 两联络信号。

9.4.2.6　分选机械处理（HANDLER）接口

HANDLER 接口可使 TH2617/A 与一个元件的机械处理设备同步工作。该接口接收一个外部的"START（开始）"信号并将该信号送到仪器 CPU 以启动仪器测量，仪器通过该接口提供两个信号 WAIT 和 EOC 信号，WAIT 信号表示仪器正在进行测量和计算，EOC 信号表示仪器测量（A/D 转换）已完成，外部机械设备与仪器测试端的接触部分可以运动而不影响测量结果（EOC 无效时表示仪器测试端与外部机械处理设备应可靠接触以保证准确的测量）。仪器的各分选输出提供一个 OC（集电极开路）信号。HANDLER 接口位于仪器后面板。

9.4.2.7　标准打印接口

TH2617A 提供了一个标准的并行打印接口，通过该接口，可与具有标准并行打印接口的打印机相连，仪器可将内部的功能及参数打印出来，并将对被测件的测量结果包括分选情况打印出来。

9.4.2.8　串行（RS-232C）标准接口

TH2617A 串行口始终处于接受控制命令状态（单向），但未打开串行口时，不向外部设备输出测量结果。

在"设定一"状态使串行接口功能"RSC"处于"ON"状态即可使仪器处于双向串行工作状态，仪器处于随时发送测量参数、测量结果或接受控制命令状态。

准确地说，串行口"ON"，仅是进一步允许仪器通过串行口向外发送测量结果。

TH2617A 使用 RS-232C 标准异步串行通讯总线接口与外部控制设备通讯，传输波特率固定为 9600bit，信号的逻辑电平为 ±8V，最大传输距离 15m。

9.4.2.9　键盘锁止/状态记忆

为了防止测试过程中操作人员对仪器按键的错误操作，仪器提供了键盘锁止功能，在此状态下，仪器的按键失效，且每次开机时保持锁止前的仪器设置状态，只有取消锁止功能后，仪器才能恢复正常按键状态。

（1）进入键盘锁止状态

ⅰ. 仪器处于正常测量状态下。

ⅱ. 按如下顺序按键 ← — → — ← — →，仪器蜂鸣器响一下，表示仪器进入按键锁止状态。

仪器在锁止状态时，按键无效。如果在锁定状态下关闭仪器电源，下次开机时仪器仍然维持锁定状态，并且保持关机前的测量状态不变。

（2）退出键盘锁止状态

仪器处于锁定状态，按顺序按键 ← — → — ← — →，仪器在蜂鸣器响后解除按键锁定状态。

仪器在此状态下，按键有效。关机后开机不保存关机前的测量状态。

（3）键盘锁止注意点

进入锁止状态的仪器，因按键失效，用户误以为仪器出故障，其实只需退出该状态，仪器即可恢复正常。

9.5　集成电路测试仪

9.5.1　操作部件介绍

9.5.1.1　操作部件结构

部件结构如图 9.19 和图 9.20 所示。

9.5.1.2　操作功能键

（1）"0～9"键为数字键

用于输入被测器件型号、端子数目。

（2）"好坏判别/查空"键

为多功能键，若输入的型号为 EPROM、单片机（8031 除外）器件，则它使仪器对被测器件进行查空操作；在其他型号时，它使仪器对被测器件进行好坏判别。若第一次按下了数字键，则至少要在输入三位型号数字后，输入该键才能被仪器接受；若在没有输入型号数

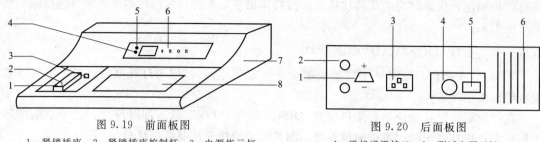

图 9.19　前面板图

1—紧锁插座；2—紧锁插座控制杆；3—电源指示灯；

4—FAIL 指示灯；5—PASS 指示灯；

6—测试电压指示灯；7—主机；8—键盘

图 9.20　后面板图

1—微机通讯接口；2—测试电压正极；

3—220V 电源插座；4—保险管；

5—电源开关；6—散热孔

字的时候输入该键，则仪器将对前一次输入的器件型号进行好坏测试。此功能用于测试多只相同的器件。

（3）"型号的判别"键

为功能键，用于判别被测器件的型号，在未输入任何数字的前提下才是有效。

（4）"代换查询"键

为功能键，用于查询是否有相同逻辑功能相同端子排列的器件，至少在输入三位型号数字后，输入该键才能被仪器接受。

（5）"老化/比较"键

为多功能键，用于对被测器件进行连续老化测试，至少在输入三位型号数字后才能被仪器接受。当输入的型号是 EPROM、EEPROM、FLASH ROM、单片机器件（8031 除外）时，它将被测器件内部的数据与机内 RAM 中的数据进行比较。

（6）"读入"键

为功能键，当输入的型号是 EPROM、EEPROM、FLASH ROM、单片机器件时才有效，它将被测器件内部的数据读入到机内 RAM 中并保存。

（7）"写入"键

为功能键，与"读入"键相似，它将机内 RAM 中的数据写入到被测器件中并自动校验。

（8）"编辑/退出"键

为多功能键，它可对机内 RAM 中的数据进行编辑（填充、复制、查找、修改）；当对单片机及具有数据软件保护功能的 FLASH ROM 器件进行写入时，该键也是加密功能键；当在进行老化测试时，按该键可退出老化测试。

（9）"F1/上"键

为多功能键，当开机后或测试完成后，该键可选择测试电压；而在 RAM 数据编辑时，该键使地址减 1。

（10）"F2/下"键

为多功能键，当开机后或测试完成后，按该键进入与微机通讯状态；而在 RAM 数据编辑时，该键使地址加 1。

（11）"清除"键

为功能键，用于结束错误操作，或清除已输入的型号。

9.5.1.3　锁紧插座操作方法

当操作杆竖立时为松开状态，可放上或取下被测器件；当操作杆平放时为锁紧状态，可对被测器件进行测试。

9.5.1.4　特殊器件测试板使用方法

当测试 8255、6821、Z80PIO 等器件时，将被测器件放上特殊器件板相应插座（1 或 2），再将特殊器件板插入锁紧插座（注意器件缺口向下），在此按下"好坏判别"或"老化"键即可。

9.5.2　操作说明

9.5.2.1　基本操作（以 74LS00 为例）

（1）器件好坏判别

① 输入 7400，显示"7400"。

② 将被测器件 74LS00 放上锁紧插座并锁紧，如图 9.21 所示。

③ 按下"好坏判别"键。

ⅰ. 若显示"PASS"同时伴有高音提示，表示器件逻辑功能完好，黄色 LED 灯点亮。

ⅱ. 若显示"FAIL"同时伴有低音提示，表示器件逻辑功能失效，红色 LED 灯点亮。

④ 若要测试多只相同器件，再次按下"好坏判别"键即可。

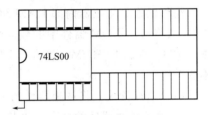

图 9.21　测试示意图

⑤ 存储器的测试时间较长，测试过程中仪器不接受任何命令输入。

（2）器件老化测试

① 输入 7400，显示"7400"。

② 将被测器件 74LS00 放上锁紧插座并锁紧。

③ 按下"老化"键，仪器即对被测器件进行连续老化测试，若用户想退出老化测试状态，只要按下"编辑/退出"键即可。

④ 对多只相同型号的器件进行老化测试时，每换一只器件都要重新输入型号。

（3）器件型号判别

① 将被测器件放上锁紧插座并锁紧，按"型号判别"键，显示"P"，提示用户输入被测器件端子数目，如有 14 只端子，即输入 14，显示"P 14"。

② 再次按下"型号判别"键。

ⅰ. 若被测器件逻辑功能完好，并且其型号在本仪器测试容量以内，仪器将直接显示被测器件的型号，例如 7400。

ⅱ. 若被测器件逻辑功能失效，或其型号不在本仪器测试容量以内，仪器将显示 FALL。

③ 进行型号判别时，输入的器件端子数目必须是两位数，如 8 只端子输入 08。

④ 由于本仪器是以被测器件的逻辑功能来判定其型号，仪器显示的被测器件型号可能与实际型号不一致，这取决于该型号在测试软件中的存放顺序。出现这类情况时，说明仪器显示的型号与被测器件具有相同的逻辑功能。

⑤ 当型号被判别出后，该型号仅供显示用，并未存入仪器内部，要判别器件的好坏，仍须输入一次型号。

（4）器件代换查询

① 先输入元器件的型号，如 7400，再按"代换查询"键。

ⅰ．若在各系列存在可代换的型号，则仪器将依次显示这些型号，如 7403，每按一次"代换查询"键，就换一种型号显示，直到显示"NO DEVICE"。

ⅱ．若不存在可代换的型号，则直接显示"NO DEVICE"。

② 仪器认为那些逻辑功能一致且端子排列一致的器件为可互换的器件，并未考虑器件的其他参数，应注意此功能的使用。

（5）EPROM 查空操作

① 输入被测器件的型号，将其放上锁紧插座并锁紧。

② 按"好坏判别/查空"键，仪器将对被测器件进行全空检查（是否全为 FF）。若是全空，显示"EPY"；否则显示地址、数据，再显示"NO EPY"。

9.5.2.2　编程操作

编程操作是将仪器内部 RAM 缓冲区的数据写入（烧写）到被测 ROM 器件中（写入操作）；或将被测 ROM 器件中的数据读入到仪器内部 RAM 缓冲区（读入操作）。目前本机可读写 128K 以内 EPROM、串并行 EEPROM、FLASH ROM、单片机内 ROM 等器件，并可不断升级。

（1）全片读入　将被测器件的全部数据读入到仪器内部。

① 输入被测器件的型号，将其放上锁紧插座并锁紧，按"读入"键。

② 此时仪器进入读/存状态，读入完成后显示"END"。

（2）部分读入

将被测器件的部分数据读入到仪器内部（单片机及串行 EEPROM 无此操作）。

① 输入被测器件的型号，将其放上锁紧插座并锁紧。

② 按"F1/上"键，显示"F1——"，输入被测器件的五位起始地址；按"F2/下"键，显示"F2——"，输入被测器件的五位结束地址；再按"F1/上"键，显示"F1——"，输入存放于机内 RAM 缓冲器的起始地址，再按"读入"键。

③ 此时仪器进入读/存状态，读入完成后显示"END"。

例如将 EPPOM 器件 27010 中地址 02789H～1ABFEH 的数据读入到仪器内部 0365AH 开始的 RAM 单元中，操作顺序为：27010→F1→02789→F2→1ABFE→F1→0365A→读入。

（3）全片写入

将被测器件的全部空间写完。

① 测器件的型号，将其放在锁紧插座并锁紧。

② 按"写入"键，显示"UP1——L1"，表示编程电压 UP 为一挡（12.5V），编程速度 L 为一挡（高速）。

③ 若用户对这两个参数不作修改，再次接下"写入"键即进入写入状态，显示器显示写入的进程。

④ 若用户对编程电压和编程速度要作修改，在显示"UP1——L1"时按"F1/上"键，显示"UP——"，表示修改编程电压，此时输入新的编程电压挡数即可（1、2 有效，2 表示编程电压为 21V）；按"F2/下"键，显示"L1H9L"，表示修改编程速度，此时输入新的编程速度即可（1～9 有效，数字越大速度越低）。修改完成后再次按下"写入"键，即进入写入状态。

⑤ 写入完成后，仪器自动进行校验，若完全正确，显示"PASS"；若不正确，显示出

错的地址、数据，再显示"FAIL"。

⑥ 仅 EPROM 器件写入时可修改编程电压及速度，其他如 EEPROM、FLASH ROM、单片机内 ROM 器件编程电压及速度均是固定的。

（4）部分写入

将被测器件的部分空间写入。

① 输入被测器件的型号，将其放上锁紧插座锁紧。

② 按"F1/上"键，显示"F1——"输入被测器件要写入的五位起始地址；按"F2/下"键，显示"F2——"，输入五位结束地址；再按显示"F1/上"键，显示"F1——"，输入五位机内 RAM 缓冲区的起始地址，再按"写入"键，请参阅"全片写入"。

③ 编程中若地址输入有误，请用"编辑/退出"键来结束操作。

（5）人工比较

将被测器件的数据与机内 RAM 缓冲区的数据进行比较。

① 输入被测器件的型号并将其放上锁紧插座锁紧。

② 按"老化/比较"键（全片比较）或"F1/上"键（部分比较，按前述输入首末地址再按"老化/比较"键），仪器即开始进行比较，若全部相同，显示"PASS"；若不相同，显示出错的地址、数据，再显示"FAIL"。

（6）单片机 ROM 加密

对单片机及 FLASH ROM 器件进行写入，当写入完成后，显示"LOC 1——2"，提示是否需要加密（FLASH ROM 器件为数据保护）。若要加密，按"编辑/退出"键即可；若不加密，按"编辑/退出"键以外的任意键即可。

9.5.2.3 缓冲区编辑

本机提供了强大的缓冲区编辑功能，用户可方便地对缓冲区进行填充（将指定范围的数据填充为指定的数据），复制（将指定的范围的数据复制到指定的地址），查找（在指定的范围查找指定的字符），显示修改指定地址的数据。

本机 RAM 缓冲区的有效地址范围为 00000H——1FFFFH 共 128K，输入地址时必须输入五位（如 00235H）。

① 开机后或测试完成后，按"编辑/退出"键，显示"PED——1、2、3、4"，其中 1 代表填充，2 代表复制，3 代表查找，4 代表显示修改。

② 按 1（填充）：显示"F1——"，输入五位起始地址，再按"F2/下"键，显示"F2——"，输入五位结束地址，显示"FULL——"，输入两位填充的数据，仪器即开始进行填充，完成结束后回到显示"PED——1、2、3、4"。

③ 按 2（复制）：显示"F1——"，输入要复制的五位起始地址，再按"F2/下"键，显示"F2——"，输入五位结束地址，再按"F1/上"键，显示"F1——"输入五位目标地址，仪器即开始把指定首末地址的数据复制到目标地址开始的单元中。

④ 按 3（查找）：显示"F1——"，输入要查找范围的五位起始地址，再按"F2/下"键，显示"F2——"，输入五位结束地址，显示"FIND——"，输入要查找的两位关键字符，仪器即开始进行查找，若找到，显示地址及数据，若要继续查找，按"F2/下"键即继续查找；若要退出，按"F2/下"键以外的任意键即可；若找不到或超出指定键即继续查找；若要退出，按"F2/下"键以外的任意键即可；若找不到或超出指定范围，显示"PED——1，2，3，4"。

⑤ 按 4（显示修改）：显示"PE——"，输入五位欲显示修改的地址，仪器即显示该地址的数据，若要修改，直接输入两位新的数据即可，此时可用"F1/上"和"F2/下"键来使地址减 1 或加 1，用"编辑/退出"键来重新输入地址。例如：设 RAM 缓冲区 00367H、00368H、1ABCDH 单元的数据分别是 1AH、29H、9FH，现要改为 78H、9BH、4DH，操作顺序为：按"编辑/退出"键显示"PED——1、2、3、4"；按"4"显示"PE——"；输入 00367，显示"00367——1A"；输入 78，显示"00367——78"；按"F2/下"，显示"00368——29"；输入 9B，显示"00368——9B"；按"编辑/退出"，显示"PE——"，输入 1ABCD，显示"1ABCD——9F"；输入 4D，显示"1ABCD——4D"，完成。

⑥ 若要退出编辑状态，连按两次"编辑/退出"键即可。

9.5.2.4 微机通讯操作

本机可通过串行口与微机相连，将机内 RAM 缓冲区的数据传送到微机（SEND），或接收来自微机的数据供编程（RECEIVE）。传送波特率固定为 9600KB，最大传送量为 128K，串口可选择 COM1 或 COM2。

（1）软件的安装

将随即提供的光盘内的文件（说明书除外）全部拷贝到微机内即可（最好先建一子目录）。光盘内包含有通讯软件 PORTEXPERT，MCS51 汇编软件 ASM51，Z80 汇编软件 ASMZ80，OBJ 文件转换为二进制文件 ABS51，缓冲区编辑软件 EMP.EXE，使用说明书等。通讯软件要求运行于 WIN95 以上环境。

（2）传送前的准备

用通讯电缆将 ICT33C 主机与微机串口相连（COM1 或 COM2，由通讯软件设置），再开启微机和 ICT33C 主机电源。

（3）微机向 ICT33C 传送文件

① 在 ICT33C 主机上按"F2/下"键，显示"IRE 2SEN"（1. 接收；2. 发送），再按"1"显示"1REV…"，即进入接收待机状态；在微机上运行 PORTEXPERT 文件（注意端口设置及波特率是否为 9600），点"文件"菜单下的"发送文件"，再输入欲发送文件的路径及文件名，点"打开"即开始传送文件。

② 传送完成后，ICT33C 显示"1REV END"，表示传送成功。

（4）ICT33C 向微机传送文件

① 运行 PORTEXPERT 文件，打开接收开关（点"接收"即可）。

② 在 ICT33C 主机上按"F2/下"键，键显示"1RE 2SEN"，再按"2"，显示"F1——"，输入要传送缓冲区的五位起始地址；再按"F2/下"键，显示"F2——"，输入五位结束地址，显示"2SEND…"，即开始进行数据传送，在微机上可看到接收到的数据。传送完成后显示"PLEASE"。

③ 传送结束后，在微机上点"文件"菜单下的"保存为文件"输入后缀为".HEX"的文件名，即可将接收到的数据保存为指定的文件，供反汇编或其他用。

（5）MCS51 汇编软件 ASM51

其运行格式为 ASM51＋源文件名，运行结束后自动生成后缀为".LST"的列表文件和".OBJ"的目标文件，若要供编程用，还必须用 ABS51＋目标文件（不输 OBJ）进行转换，生成后缀为".BIN"的文件才行。例如要汇编源文件 TY.ASM，先运行 ASM51TY.ASM，再运行 ASM51 TY 即可。Z80 的运行方式相同。若用户觉得在 ICT33C 上编辑 RAM 缓冲区不太直观，也可在微机上运行 EMP. EXE 来编程，完成后再传送到 ICT33C 上进行写入。

9.5.2.5 其他操作

在进行好坏判别和老化测试时，第一次按下"好坏判别"或"老化"键后，有可能出现下面三种情况。

（1）显示"1——2"，并伴有长高音提示

表示用户应将被测器件退后一格放上锁紧插座，如图 9.22 所示。

锁紧后再次按下"好坏判别"或"老化"键。主要是光耦和数码管器件有这种情况。

（2）显示"VCC—数字"并伴有长高音提示

表示用户应将被测器件退后一格放上锁紧插座，再用随仪器提供的连结插针将锁紧插座的第 40 脚与被测器件的某一脚连通（该脚数即是显示的数字），如图 9.23 所示。

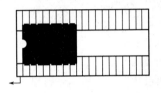

图 9.22 退格放置上示意图

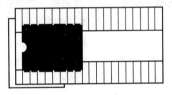

图 9.23 脚连接示意图

锁紧后再次按下"好坏判别"或"老化"键。主要是 TTL74 系列的少量器件有这种情况。

（3）显示"OU——数字"，并伴有长高音提示

表示用户应将被测器件放上特殊器件测试板上某一插座（即显示的数字），在将特殊器件测试板插入锁紧插座，如图 9.24 所示，锁紧后再次按下"好坏判别"或"老化"键。8255、6821、Z80PIO 有这种情况。

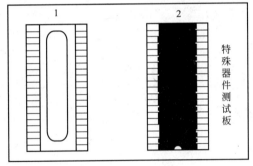

图 9.24 特殊器件测试示意图

9.5.2.6 操作注意事项

① 输入器件型号时，应省去字母及其他标记，只输入数字。由于种种原因，少部分器件输入的型号与实际型号不一致，主要有如下几种。

ⅰ.8032、8051、8052、8751H、87C51、87C52、89C51、98C52 在进行好坏判别时统一输入 8031；进行 ROM 读写比较时，8751H（编程电压 21V）输入 8753，其余按实际型号输入。

ⅱ.Z80 PIO 输入 801，Z80 CTC 输入 802。

ⅲ.MC1413：2003，MC1416：2004，MC14160：40160，MC14161：40161，MC14162：40162，MC14163：40163，2902：324。

ⅳ.89C2051：2051、89C1051：1051。

② 进行键盘操作时，若仪器以高音回答，说明操作有效；若以低音回答，说明是误操作，但任何误操作不会损坏仪器。

③ 安放被测器件时，一定要注意其缺口方向和安放位置。

④ 仪器关机后，必须等 5s 以上才能再次开机，否则有可能不能复位。

参 考 文 献

[1] 杨清学．电子装配工艺．北京：电子工业出版社，2003.

[2] 黎连业．网络综合布线系统与施工技术．北京：机械工业出版社，2002.

[3] 汤元信，亓学广，刘元法等．电子工艺及电子工程设计．北京：北京航空航天大学出版社，1999.

[4] 俞家琦．电子工艺实习．天津：天津科学技术出版社，1990.

[5] 宁铎，马令坤，孟彦京，郝鹏飞．电子工艺实习实训教程．西安：西安电子科技大学出版社，2006.

[6] 王天曦，李鸿儒．电子技术工艺基础．北京：清华大学出版社，2000.

[7] 李敬伟，段维莲．电子工艺训练教程．北京：电子工业出版社，2005.

[8] 孟贵华．电子技术工艺基础．北京：电子工业出版社，2005.

[9] 夏西泉．电子工艺实训教程．北京：机械工业出版社，2005.

[10] 金明．电子装配与调试工艺．南京：东南大学出版社，2005.

[11] 沈小丰．电子技术实践基础．北京：清华大学出版社，2005.

[12] 吴建辉．印制电路板的电磁兼容性设计．北京：国防工业出版社，2005.

[13] 王廷才．电子线路辅助设计 Protel99SE．北京：高等教育出版社，2004.